生活中的
有机化学

SHENG HUO ZHONG DE
YOU JI HUA XUE

张岩　主编

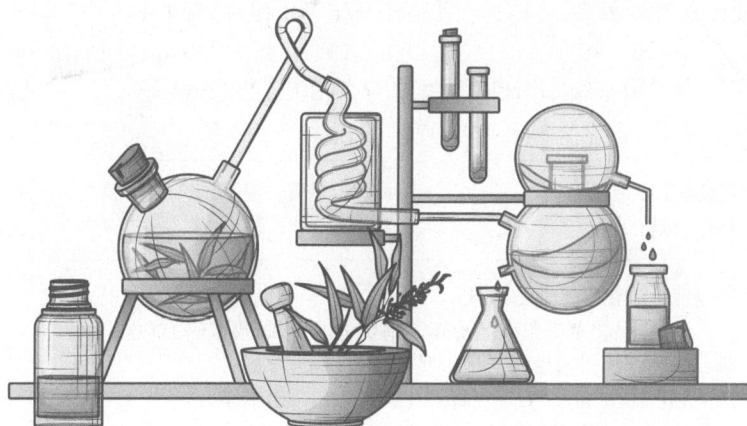

化学工业出版社
·北京·

内容简介

《生活中的有机化学》试图将人们日常生活中与有机化学相关的知识进行总结和分类，让读者对有机化学世界有更为清晰的认识，并能体会科学是如何改变人类生活的。全书内容包括有机化学之药物、食品中的有机化学、化妆品与洗涤用品以及服装纤维和染料。本书尽量做到在保证科学性的基础上偏向科普性，让读者尽可能多地了解有机化学理论及实验知识，并对一些有机合成产品有正确而深入的认识。

本书既可作为高等院校非化学专业本科生、研究生的选修课程或者通识课程教材，也可作为一般读者尤其是高中生兴趣阅读的科普书籍，以促进他们对身边有机化学相关知识的理解，激发对化学学科的兴趣。

图书在版编目（CIP）数据

生活中的有机化学 / 张岩主编． -- 北京 ：化学工业出版社，2024．11． -- ISBN 978-7-122-46464-4

I．O62-49

中国国家版本馆CIP数据核字第20242NL664号

责任编辑：成荣霞   文字编辑：王 迪 刘 璐

责任校对：刘 一   装帧设计：溢思视觉设计／姚艺

出版发行：化学工业出版社

      （北京市东城区青年湖南街13号 邮政编码100011）

印 装：涿州市殷润文化传播有限公司

710mm×1000mm 1/16 印张13 字数202千字

2025年7月北京第1版第1次印刷

购书咨询：010-64518888   售后服务：010-64518899

网 址：http://www.cip.com.cn

凡购买本书，如有缺损质量问题，本社销售中心负责调换。

定 价：49.80元   版权所有 违者必究

《生活中的有机化学》
编委会

主　任：张　岩

委　员：张　岩　彭　勃　朱逸品　陈　妤

张思宇　何　慧　郇伟伟　李　洁

梅秀凤

有机化学，正如它的名字一般，是充满生机的，也是令人神往的。生物都是有机物的集合体，包括人类，因此我们很难摆脱对有机物质的关注，也不能停止对有机化学的深入思考和探究。高等院校中化学专业的学生会有一年的时间专门学习"有机化学"这门课程，所以会充分了解、掌握有机化学知识，而非化学专业的理科生或者文科生则没有很多机会接触有机化学的相关知识，这会导致他们对这个世界的认知不够全面，甚至他们中的一些人已经由于不了解而对化学产生一些偏见。然而事实上，对非化学专业的学生进行系统的有机化学相关知识讲授是不现实的，因此我们想到了一个折中的办法，那就是在保证读者阅读兴趣的基础上，将渗透到读者生活中的有机化学相关知识尽量归纳并进行简洁的科学描述，于是决心编写这本《生活中的有机化学》。这样来说，此书不但可以作为高校中非化学专业本科生、研究生的选修课程或者通识课程的教材，也可以作为校外一般读者的兴趣阅读书籍，尤其是可以用于高中生的拓展阅读，使其进一步明确有机化学学科以及相关交叉学科的研究内容和价值，让今后有志从事化学研究工作的学生产生或者加强对化学学科的兴趣，成为一个理性的追梦人。

本书主要分四部分：有机化学之药物、食品中的有机化学、化妆品与洗涤用品、服装纤维和染料。不同章节在内容上具有相对独立性，适合具有不同阅读兴趣点的读者，也适当增加了有机化学一些相关术语的解释和举例，使读者能够更全面地理解有机化学。

　　本书由浙江师范大学化学与材料科学学院张岩主编并负责全书内容的统稿，张岩及其所指导的研究生为本书编写团队。本书共5章，第0～1章由张岩、陈妤负责编写，第2～4章由朱逸品、何慧、张思宇负责编写。浙江师范大学彭勃教授，浙江农林大学郇伟伟、李洁副教授，上海市宝山区农业技术推广中心梅秀凤等，也对本书的内容整理和修改作出了贡献，在此一并表示真挚的感谢。

　　因编者的学识和眼界有限，不足之处在所难免，敬请读者指正，以期再版时修正完善。

张岩

目 录

第3章 化妆品与洗涤用品

第4章　服装纤维和染料

参考文献

第0章

绪论

0.1 有机化学的概念

有机化学（organic chemistry）是研究含碳化合物及其衍生物的组成、结构、制备、物理性质和化学变化的科学。有机化学的研究对象主要是含碳元素的化合物。

现代化学的奠基人之一瑞典化学家贝采利乌斯（J. J. Berzelius，1779—1848）最早使用organic chemistry这一词组，与无机化学相对应。另外，他也最早提出了"同分异构"和"催化"的概念。受限于当时人们的认知和实验条件，19世纪以前的大部分人都保持与Berzelius一样的观点，认为从生物体或其分泌物、排泄物等中提取的物质是"有生机的""有生命力"的，故称为"有机物"，而且这种"有生命力之物"只能在"生命力"的作用下才能形成。然而，这一观点从1828年Berzelius的学生德国化学家维勒（F. Wöhler）首次用人工方法将氰酸铵转变为尿素开始就受到了很大的冲击，直至后来的化学家人工合成了更多的有机物（图0-1），如醋酸（Kolbe，1845年）、油脂（Berthelot，1854年）等之后，人们对有机物的认知产生了彻底改变。值得一提的是，1965年，中国科学家首次用人工方法合成了结晶牛胰岛素，它属于有机大分子中的蛋白质。人工合成的牛胰岛素的结构、生物活力、物理化学性质以及结晶性状，都同天然牛胰岛素完全一样。

有机化学真正发展成为一门科学经历了约一个世纪。一个重要的时间

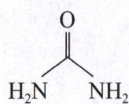

尿素(1828年，Wöhler)　　醋酸(1845年，Kolbe)　　托品酮(1917年，Robinson)

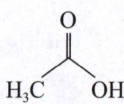

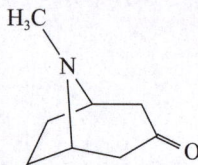

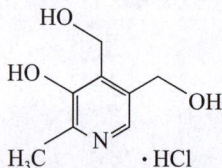

维生素B$_6$(1939年，Folker)　　奎宁(1944年，Woodward)

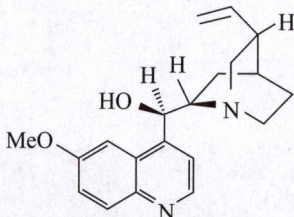

图0-1　一些早期用人工方法合成的有机化合物及其结构式

节点是1916年，美国化学家路易斯（G. N. Lewis，1875—1946）等人提出了共价键理论，其基本上解释了共价键的饱和性并明确了共价键的特点，阐明了各原子外层电子的相互作用是各原子结合在一起的原因。外层电子如果从一个原子转移到另一个原子，则两原子间形成离子键；两个原子如果共用外层电子，则形成共价键。后经另一位美国化学家鲍林（L. Pauling，1901—1994）进一步发展完善形成了价键理论，为此他获得了1954年的诺贝尔化学奖。

0.2 化学的"前世今生"

传统上将化学分为无机化学、有机化学、物理化学以及分析化学四个分支。因此，在学习有机化学历史中出现的一些重要概念之前，有必要简单了解化学学科的发展历史。化学的发展在一定程度上来说是从元素及物质的发现开始的。

燃烧是自然界发生的最重要的现象之一，自古以来就为人们所关注，历史上出现过不少阐述燃烧现象的学说。无论是中国古代的"五行说"（水、火、木、金、土），还是古希腊的"四元素说"（土、水、气、火）以及古印度的"四大说"（地、水、火、风），都不约而同地认为"火"是构成万物的一种元素。

炼金家和炼丹家看到火能促进物质的转化，试图用火使其他金属变成黄金，或求长生不老之丹。中国至少在公元前2世纪就有了炼丹术，到汉武帝时代（公元前140—前87年），司马迁的《史记》中出现了对炼丹术的记载[图0-2（a）]。到了东汉，炼丹术得到进一步发展。这一时期，魏伯阳所著的《周易参同契》是当今世界上保存下来的最早的炼丹术著作[图0-2（b）]。书中既阐述了炼丹的指导思想，同时又记载了许多有价值的古代化学知识和较多的药物，如汞、硫黄、铅、胡粉、铜、金、云母等。

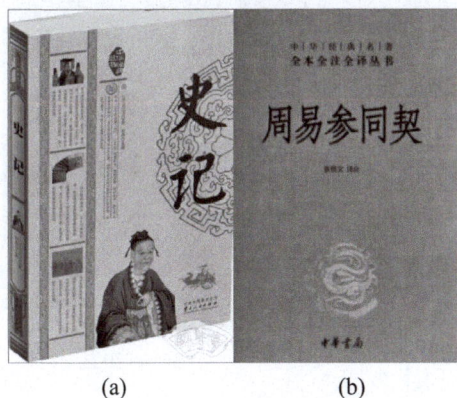

(a) (b)

图0-2 《史记》和《周易参同契》

古人在炼"金"和制"丹"过程中，常常用到具有可燃性的硫，进而认为可燃物体之所以能燃烧，是因为可燃物普遍具有可燃性的"硫本质"。从人类懂得用火开始到进入炼金术时期为止，在中国、埃及、印度、希腊这些古老国家中，都在生产实践中懂得了用火冶炼、用碳还原，制取一些金属，但当时对各种元素仅是感性的直观认识，仅仅停留在定性的阶段，停留在对元素表面宏观性质的粗浅认识上。在这段漫长的历史中，人类发现的元素有金、银、铜、铁、铅、锡、锌、汞、碳、硫等。后来，在炼金术时期，尽管有其荒诞的一面，但一些炼金术士在黑暗中的摸索也积累了一些化学资料，到1669年为止，共发现了四种元素，即砷、锑、铋和磷。

17世纪以后，冶金、炼焦、烧石灰、制陶、制玻璃、制肥皂等工业快速发展，这些工业无一不与燃烧反应密切相关。当时化学家的实验研究，无论是元素的发现和鉴别，还是对物质性质的研究和比较，以及单质与化合物的制备和提纯等，几乎都离不开燃烧和焙烧。工业和化学研究都需要从理论上阐明燃烧的机理，因此对燃烧现象的研究就成了当时以至整个18世纪化学的中心课题。1673年左右，英国化学家罗伯特·波义耳（Robert Boyle，1627—1691）[图0-3（a）]进行了煅烧金属的实验，发现金属煅烧后的煅灰总是比金属本身还重。他的解释是：在煅烧过程中，"火微粒"穿过容器壁与金属结合，形成比金属本身还重的煅灰。在波义耳之前，法国医生雷伊（Jean Rey，1583—1630）通过铅和锡的煅烧实验，注意到煅灰的质量增加了，他认为这是空气混进烧渣的缘故，正像干燥的沙吸收水分而变得更重一样。波义耳的助手，英国物理学家和化学家胡克（Robert Hooke，1635—1703）[图0-3（b）]在1665年发表的《显微术》一书中，论述了空气在燃烧中的作用。他认为，空气是所有硫素物质（可燃物体）的万用溶剂，溶解时产生大量的热，我们称之为火，溶解作用由空气中的一种物质产生，这种物质与固定在硝石中的东西相似。1674年，英国医生梅猷（John Mayow，1641—1679）发表了他的著作《医学哲学五论》，其中记载了他的一些实验结论，火药中的硝石里存在那种空气中的助燃成分，并称之为"硝气精"。梅猷将金属锑煅烧，得到比金属锑还重的煅灰，这种灰与硝酸和锑作用所得的固体相同，

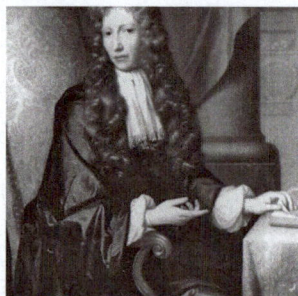

(a)
罗伯特·波义耳
Robert Boyle
1627—1691

(b)
胡克
Robert Hooke
1635—1703

图0-3
罗伯特·波义耳和胡克照片

由此认为，金属锑经焙烧增重，是"硝气精"固定在金属锑上的结果。

上述这些见解和实验如果能进一步深入，就能够揭露燃烧的本质。然而，这些见解在当时并没有引起人们的注意。当时大量的燃烧材料是木材、煤炭、硫黄、油脂等，它们燃烧后的灰烬显然比燃烧前轻得多，于是，给人们最普遍的感觉还是在燃烧过程中，好像有某种东西从燃烧物中跑走了。

17世纪下半叶，牛顿力学体系的提出，使人们以为用机械力学的理论和方法可以解释所有的自然现象。他们用力的概念，如重力、浮力、张力等去解释物质的种种现象与性质，如果用这些解释不通，就造出某种人所不知的东西，如光素、热素、电素等加以解释。受这种思想影响，化学家们提出了解释燃烧现象的学说——"燃素说"。

按照燃素说，所有的可燃物都含有一种共同的元素——燃素，一切与燃烧有关的化学变化，都可以归结为物质吸收燃素与释放燃素的过程。那么富含燃素的物质在燃烧时为什么一定需要空气呢？燃素说者认为，物质在燃烧时，燃素并不能自动分解并释放，需要空气将其中的燃素吸取出来，燃烧才能实现。燃素说几乎解答了当时生产实际和化学实验中所提出的全部理论问题，因而赢得了许多化学家的高度重视和支持。它取代了炼金术思想在化学中的统治地位。虔信燃素说的化学家在近一百年的化学发展过程中所积累的丰富的科学实验材料，是近代化学建立的重要基础之一。

1774年，英国著名的化学家约瑟夫·普利斯特里（Joseph Priestley，1733—1804）[图0-4（a）]得到一个大凸透镜，他用凸透镜对准汞煅灰（氧化汞），发现很快有气体产生，并用水上集气法收集了这种气体。研究结果表明：蜡烛在这种气体中激烈燃烧，小鼠在这种气体中要比在普通空气中活得更久。这样，普利斯特里就发现了使化学发生革命的元素——氧。遗憾的是，他坚信燃素说，认为这种气体不含燃素，但是有特别强吸收燃素的能力，因而能够助燃。由此，他把氧气称为"脱燃素空气"。

最先制得氧气并研究了其性质的是瑞典化学家卡尔·威尔海姆·舍勒（Carl Wilhelm Scheele，1742—1786）[图0-4（b）]，1773年左右，他用两种不同的方法制得他称为"火气"的气体——氧气，并用实验证明空气中也存在"火气"。1774年他还发现了氯，只是他的这些研究到1777年才发表。同样令人遗憾

(a)
约瑟夫·普利斯特里
Joseph Priestley
1733—1804

(b)
卡尔·威尔海姆·舍勒
Carl Wilhelm Scheele
1742—1786

图0-4
普利斯特里和舍勒照片

的是，舍勒也坚信燃素说，认为火是火气与燃素生成的化合物，还把氯叫作"脱燃素盐酸"。

18世纪后半叶，新发现的化学现象层出不穷，燃素说面临全面危机。燃素说的拥护者为了维护旧理论，力图对各种化学现象做出解释。甚至出现了有多少种气体，几乎就有多少种燃素说的变形解释。

在这种化学思想空前混乱的情况下，法国化学家安托万·洛朗·拉瓦锡（A. L. Lavoisier，1743—1794）掀起了一场化学革命。拉瓦锡不仅尊重实验，重视定量研究，更重要的是有批判和怀疑的头脑。他说："假如有燃素这样的东西，我们就要把它提取出来看看。假如的确有的话，在我的天平上就一定能觉察出来。"拉瓦锡用锡和铅做了著名的金属煅烧实验，设法从金属煅灰中直接分离出空气来。他用铁煅灰进行实验，但没有成功。恰巧在这时，1774年10月，普利斯特里访问巴黎，告诉拉瓦锡他用凸透镜加热汞煅灰发现了一种脱燃素空气。拉瓦锡立即重复了普利斯特里的实验，证实了加热汞煅灰时，逸出的气体质量与将汞煅烧成煅灰时所增加的质量相等（图0-5）。这个实验不仅证明了他的上述推断，而且还证明了化学反应中的质量守恒定律。到了1777年，拉瓦锡接受其他化学家的见解，认识到空气中存在能助燃、有助于呼吸的气体，拉瓦锡将它命名为"氧"，意思是"成酸的元素"。

图0-5　拉瓦锡在做金属煅烧实验

从17世纪下半叶到19世纪初，波义耳、普利斯特里、舍勒、拉瓦锡以及后来的贝采利乌斯等人逐步创立了古典化学分析方法，在这个时期，经历了100多年的化学分析方法对元素的发现是非常重要的。同时，玻璃仪器和化学试剂的创造和使用，建立了系统化学分析方法，促进了分析工作的发展，使化学家们能够把过去难以分解的化合物加以分解，能够把过去不易识别的元素识别出来，而天平的使用则使分析工作从定性走向了定量。

古典化学分析时期发现了许多元素，如钴、镍、锰等就是用典型的化学分析方法发现的。此外，还发现了铂、氢、氮、氧、氯、铬、钼、钨、铀、碲、硒，共14种元素。1782—1800年这18年间，元素发现经历了一个历史低潮，这是因为单用古典化学分析的方法已经不够了，迫切需要更强有力的分析方法和工具。

1799年伏打制成了直流电源，即伏打电堆，1807年汉弗里·戴维

（Humphry·Davy，1778—1829）利用250对锌片和铜片组成的电池组，成功电解熔融氢氧化钾和氢氧化钠，第一次得到纯净的金属钾和钠，后来又用类似的方法电解钙、镁、锶、钡的盐获得它们的单质，宣告了"电化学"的诞生。

戴维最早确定氯是一种元素，打破了拉瓦锡提出的所有酸都含有氧的错误概念。化学界曾把电解获得的金属通称为"戴维金属"。电解法发明之后，出现了发现新元素的高潮，4年间，发现了31种新元素。

科学界对无机化学和有机化学之间的界限，长时间内一直存在意见分歧，当时所能得到的有机化合物几乎全部来自生物体，而许多无机物则可以由单质或其他化合物经化学反应合成制得。基于这种情况，18世纪末和19世纪初，在生物学界就产生并流行一种"活力论"或"生命力论"，这种"活力论"直接影响和流传到有机化学领域，所得出的结论是：因为有机物是靠这种活力生成的，所以有机物只能由生命体产生；而在实验室中只能合成无机物，得不到有机物，尤其不能从无机物合成有机物。这种主观臆测的"活力论"观点，大大妨碍了有机化学的发展，因为它使得许多化学家放弃了在有机合成道路上的主动进取，减缓了有机合成前进的步伐。不过这种情况到后期有所改变。

19世纪，是人类值得骄傲的一个世纪。在这个世纪，欧洲经历了一场空前规模的技术革命。一方面，技术的进步要求科学的帮助，加强了对科学的依赖性；另一方面，技术上的进步又直接推动了科学的发展。这样，19世纪也就成为近代自然科学的盛世之期。化学，也毫不例外得到了巨大的发展。

第一次给"活力论"沉重打击的是有人在1828年首次利用无机物人工合成了有机化合物——尿素，这也是有机合成的开端。这个工作是由当时德国年轻的化学家弗里德里希·维勒（Friedrich Wöhler，1800—1882）完成的。起初他将氰酸与氨水作用时，并未想要得到尿素，只是当他分析产物时，发现了一种肯定不是氰酸铵的白色结晶物，后经一系列的实验分析证明它确实是同天然有机物尿素完全相同的物质，并且他还通过不同途径合成了尿素。总的合成原理是通过其他无机化合物制得氰酸铵（NH_4CNO），然后使氰酸铵受热转变为尿素。

1812年，瑞典化学家永斯·雅各布·贝采利乌斯（Jöns Jakob Berzelius，1779—1848）[图0-6（a）]根据电解水实验中正电负电相互吸引的原理提出了著名的"二元学说"。根据这个学说所述，每一种化合物都由电性相异的两部分组成。1852年，英国化学家爱德华·弗兰克兰（Edward Frankland，1825—1899）[图0-6（b）]提出金属或其他元素的每个原子在化合时具有一种特殊的性质，叫作"化合能力"（combining power）。此处的"化合能力"后来称为化合价（valency，美国化学家仍用valence），此时化合价还没有正负之分。1887年阿伦尼乌斯提出电离理论后，认为化合价有正负之分，构成化合物的各原子的化合价的代数和为零。19世纪60年代末，化合价经历了"化合力""取代值""原子数""亲和力单位""亲和力程度"等名称的变迁，最后才演化成"化合价"。

（a）　　　　　　　（b）

永斯·雅各布·贝采利乌斯　爱德华·弗兰克兰
Jöns Jakob Berzelius　　Edward Frankland
1779—1848　　　　　1825—1899

图0-6　贝采利乌斯和弗兰克兰照片

苯是在1825年由英国科学家迈克尔·法拉第（Michael Faraday，1791—1867）首先发现的，分子式C_6H_6则是由法国化学家查理·弗雷德里克·日拉尔（Charles Frederic Gerhardt，1816—1856）等推测出来的。德国化学家凯库勒（Friedrich A. Kekule，1829—1896）在1857年提到了碳四价的学说。次年他回到德国后，将此学说扩充到了几乎所有碳的化合物上面，并进一步系统阐述了碳四价理论，提出了碳原子间可以连成链状的学说。凯库勒在苯的结构研究过程中是这样描述他的发现的，"有次在书房中打瞌睡，梦见碳原子的长链像蛇一样盘绕卷曲，忽见一个抓住自己的尾巴，这幅图像在眼前嘲弄般地旋转不已。"这就是著名的"苯环结构"：苯分子中的六个碳成环状，碳之间以单、双键交替结合，每个碳与一个氢相连，这样既满足了碳四价，又符合分子式（图0-7）。

1882年，拜尔在研究靛蓝时发现了

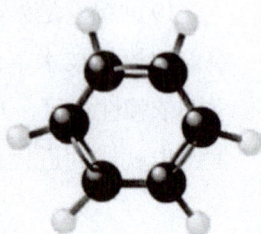

（a）

（b）

图0-7
苯环球棍模型和印有凯库勒头像的纪念邮票

互变异构现象，即同一种物质可以有两个不同的结构式。德国化学家拉尔（Peter Conrad Laar，1853—1928）于1885年提出了互变异构理论解释这种现象，互变异构物、互变异构现象等名称就是他提出来的。这个时期化学家也注意到了共轭效应这个现象，并试图进行解释。这包括1887年俄国化学家伊林斯基提出的价键可分性概念、1889年德国化学家蒂勒（Johannes Thiele，1865—1918）提出的剩余化合价学说等。但由于这些观点都只是基于有机化合物的理化性质或表面的反应现象，所以对共轭效应现象也就很难能做出成功的解释。

在西欧发展起来的正统的结构理论，一直忽视了分子中原子之间的相互影响这个问题，但在俄国却受到了重视。起初是布特列洛夫注意到了这个问题，但最后是由他的学生马尔科夫尼科夫做了定论性的研究，于1869年提出了马尔科夫尼科夫规则。

在1815—1835年间，法国人比奥（Jeam Baptiste Biot，1774—1862）指出，"有机化合物在非结晶状态下所具有的旋光性，一定是它的分子所固有的性能。"1848年，法国的巴斯德（Louis Pasteur，1822—1895）注意到一个非常重要的事实：酒石酸铵钠盐的结晶都是不对称的。他发现并证实了旋光异构现象（也称对映异构现象），对立体化学的发展产生了深远影响。有机结构理论一直限于平面空间，虽然偶尔有过"立体"思想的火花，但因为化学现象在二维空间里已能得到比较令人满意的解释，所以在三维空间也就没有进行什么实质性探讨。就是善于几何构造的凯库勒在这方面也未能大展宏图。不过愈来愈多的旋光异构现象的出现开始向平面有机结构理论发起了挑战。

虽然擅长有机结构理论的凯库勒继苯环结构理论之后未能在这个领域再有所建树（公正来讲，对于一个科学家，特别是理论化学家，在科学上能达到他这种境地已是凤毛麟角、无可非议了），但深受他的思想影响的荷兰化学家雅各布斯·亨里克斯·范特霍夫（Jacobus Henricus van't Hoff，1852—1911）[图0-8（a）]不负众望，写下了有机结构理论新的光辉的一页。1874年9月，范特霍夫发表了论巴斯德旋光异构成果的小册子《化学的结构式——空间分布论》，次年又有增补本《立体化学》。范特霍夫于1874年9月在他本国的乌特勒支发表碳四面体构型学说后不到两个月，法国化学家勒贝尔（Joseph Achille Lebel，1847—1930）[图0-8（b）]在巴黎也独立发表了论文，阐述了几乎完全相同的观点，只是他们的推理方式有些不同。

1861年，俄国著名化学家亚历山大·米哈依洛维奇·布特列洛夫（Aleksandr Mikhaylovich Butlerov，1828—1886）[图0-8（c）]提出了分子结构的概念，奠定了有机结构理论的基础，同时他还指出了有机结构与有机化合物性质的关系。1874年范霍夫等提出，碳原子的四价指向正四面体的四个顶点，并提出有机结构是一种立体结构的概念。他的分子空间立体结构假说可以解释旋光异构现象。

18世纪末至19世纪，化学和其他自然科学一样，由搜集、记录材料为特征的经验描述阶段，逐步过渡到以整理材料、找出材料之间的内在联系为特征的理论概括阶段，化学从定性研究的方法或观点向定量研究的方法或观点发展，以弄清物质的组成及化学变化中反应物之间和反应物、生成物之间量的关系为目的，由此建立了一些基本的化学定律，如质量守恒定律、当量定律、定比定律和倍比定律等。为了进一步揭示这些基本定律之间的内在联系和本质，道尔顿提出了近代原子学说。这一学说经过不断完善，最终成为说明各种化学现象的统一理论，并且标志着近代化学发展的新起点。

19世纪90年代末，随着电子、X射线和放射性物质的发现，化学研究和认识进入微观领域，标志着化学进入现代发展时期。19世纪末，X射线、放射性物质和电子的科学发现打破了道尔顿和门捷列夫等化学家"原子不可分"的观点。1895年，德国物理学家伦琴（W. C. Röntgen，1845—1923）[图0-9（a）和（b）]发现了X射线，又称伦琴射线，并荣获了诺贝尔物理学奖。1906年，英国物理学家巴克拉（C. G. Barkla，1877—1944）[图0-9（c）]发现，当X射线被金属散射时，不同的金属散射出的X射线也有所不同，从而进一步确定了不同的金属都有自己的特征X射线。X射线被发现之后，曾在科学界掀起一个研究射线、荧光的热潮。法国物理学家贝克勒尔（A. H. Becquerel，1852—1908）[图0-9（d）]发现了著名的"贝克勒尔现象"，也是铀的放射性发现的由来。

法国籍波兰科学家居里夫人（M. S. Curie，1867—1934）对"贝克勒尔现象"进行进一步深入的研究，在1898年7月，居里夫人发现了一种新的放射性元素钋（Po），之所以命名为钋

(a)
雅各布斯·亨里克斯·范特霍夫
Jacobus Henricus
van't Hoff
1852—1911

(b)勒贝尔
Joseph Achille Lebel
1847—1930

(c)
亚历山大·米哈依洛维奇·布特列洛夫
Aleksandr
Mikhaylovich Butlerov
1828—1886

图0-8
范特霍夫、勒贝尔和布特列洛夫照片

（polonium），是为了纪念她的祖国波兰。居里夫妇和贝克勒尔为此荣获1903年的诺贝尔物理学奖（图0-10）。居里夫人在1902年发现了元素镭，为此荣获1911年的诺贝尔化学奖。镭发现以后，居里夫人又进一步研究了放射性物质的特性，发现天然放射性物质能够放射出几种不同的射线，都是原子核自发裂变产生的，由此打破了传统的原子不可分的观念。

后来，科学家们在发现阴极射线的基础上进行了深入研究。首先是英国物理学家瓦利（C. F. Varley，1828—1883）和克鲁克斯（W. Crookes，1832—1919）发现，阴极射线在场中会改变方向。后来，法国物理学家佩兰（J. B. Perrin，1870—1942）发现，把阴极射线收集到金属筒内，金属筒就会带负电。1897年，克鲁克斯的学生，英国著名物理学家汤姆森（J. J. Thomson，1856—1940）[图0-11（a）]系统研究了阴极射线的性质，发现阴极射线不仅会被磁场偏转，而且能被电场偏转，从而证明，阴极射线是带负电的粒子流，并测出了这种粒子的荷质比（电荷e/质量m）。早在1874年，英国物理学家斯通尼（G. H. Stoney，1826—1911）就提出了"电子"

(a)	(b)	(c)	(d)
威廉·康拉德·伦琴	工作中的伦琴	查尔斯·格洛弗·巴克拉	安东尼·亨利·
Wilhelm Conrad Röntgen		Charles Glover Barkla	贝克勒尔
1845—1923		1877—1944	Antoine Henri Becquerel
			1852—1908

图0-9　伦琴、巴克拉和贝克勒尔照片

(a)玛丽·居里　(b)皮埃尔·居里　(c)居里夫妇　(d)居里夫妇在实验室

图0-10　居里夫人、皮埃尔·居里和居里夫妇照片

这个名称，他当时把electron称为"元电荷"，即把一个电子或质子所带的电荷作为电的基本单位，后来克鲁克斯建议用electron指称电子。后经美国芝加哥大学的密立根（R. A. Millikan，1868—1953）教授[图0-11（b）]的4年努力，在1911年确立了电子的电荷数和质量数。

电子的发现，进一步打破了原子不可分的观念。X射线、放射性物质与电子的发现，是人类对原子微观结构深入认识的三个里程碑。这三个发现，打开了原子的大门，为建立物质微观结构理论奠定了基础。

1904年，汤姆森提出了一个原子结构模型[图0-12（b）]，解释了化学元素电中性等一些化学元素的性质。英国籍新西兰科学家卢瑟福（E. Rutheford，1871—1937）是汤姆森的研究生，他在研究这一模型时受到太阳系结构模型的启发，在1906—1908年进行了α粒子散射实验，并在1911年正式发表核式原子结构模型[图0-12（c）]。1913年，同是汤姆森和卢瑟福的学生的丹麦物理学家玻尔（N. Bohr，1885—1962）系统研究了光谱学，把普朗克（M. Planck，1858—1947）的量子化概念引进了卢瑟福的原子结构模型中，提出了原子结构中量子化的轨道理论。玻尔根据量子化的理论假定，并用古典力学与电磁学理论，推算出电子跃迁时发出单色光的频率公式。这一公式与实验观测中总结出来的巴尔末经验公式吻合，从而解释了原子的线状光谱，也解答了电子为什么不会降落到原子核上的问题，为此，玻尔荣获了1922年诺贝尔物理学奖。

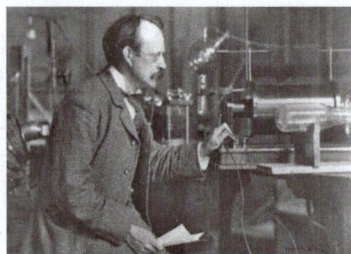

(a)
约瑟夫·约翰·汤姆森
Joseph John Thomson 1856—1940

(b)
罗伯特·安德鲁·密立根
Robert Andrews Millikan 1868—1953

图0-11 汤姆森和密立根照片

人类对原子结构的认识历程

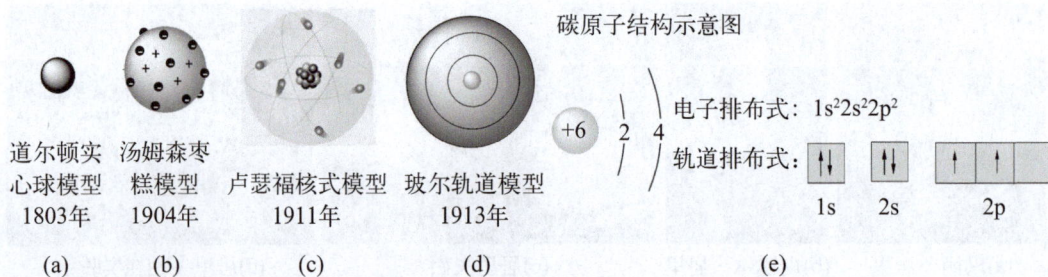

碳原子结构示意图

道尔顿实心球模型 1803年 (a)
汤姆森枣糕模型 1904年 (b)
卢瑟福核式模型 1911年 (c)
玻尔轨道模型 1913年 (d)

+6 | 2 4

电子排布式：$1s^2 2s^2 2p^2$

轨道排布式：

1s	2s	2p
↑↓	↑↓	↑ ↑

(e)

图0-12 人类对原子结构的认识历程图示（a）～（d）和碳原子结构示意图（e）

生活中的有机化学 SHENGHUOZHONGDE YOUJIHUAXUE

20世纪30年代，著名化学家鲍林（L. Pauling，1954年获诺贝尔化学奖）和物理学家J. C. Slater将量子力学的原理与化学的直观经验结合，创立了价键理论，在经典化学中引入了量子力学理论和一系列新的概念，如杂化、共振、σ键、π键、电负性、电子配对等。为了从理论上解释多原子分子或离子的立体结构，1913年，鲍林在量子力学的基础上提出了杂化轨道理论（hybrid orbital theory）。碳原子有几种不同的杂化方式，如sp^3杂化、sp^2杂化、sp杂化等，那么为什么会产生杂化现象呢？下面将以甲烷为例对sp^3杂化形成的过程进行简单的介绍。

甲烷（CH_4）是最简单的碳氢化合物，分子式符合路易斯理论的八隅规则，因此我们通常以甲烷为例讨论分子的成键情况和几何构型。按照电子轨道理论，CH_4中碳原子的价层电子构型为$2s^22p_x^12p_y^1$，有两个未成对电子，与两个氢原子形成两个共价单键。将碳原子的一个$2s$电子激发到$2p$轨道上，碳原子激发态的价层电子构型为$2s^12p_x^12p_y^12p_z^1$，与4个氢原子形成4个C—H σ键，其中3个键是由碳原子的$2p$轨道与氢原子的$1s$轨道重叠形成的，这3个键是等同的，互相垂直，键角为90°，第4个键将指向分子中可容纳第4个氢原子的任何位置。然而，这种描述与实验确定的H—C—H键角不一致，即4个键角都是109.5°，因此基于激发态电子构型的成键方案不能很好解释CH_4中的键角。

鲍林假设，甲烷的中心碳原子在形成化学键时，价电子层的4条原子轨道并不维持原来的状态，而是发生"杂化"，得到4条等同的轨道，再与氢原子的$1s$轨道成键，这样碳原子的$2s$轨道和3个$2p$轨道组合产生了4条相同的轨道，这些新轨道以四面体的方式排列，能量介于$2s$轨道和$2p$轨道之间。这就是sp^3杂化形成的原因及过程（图0-13）。

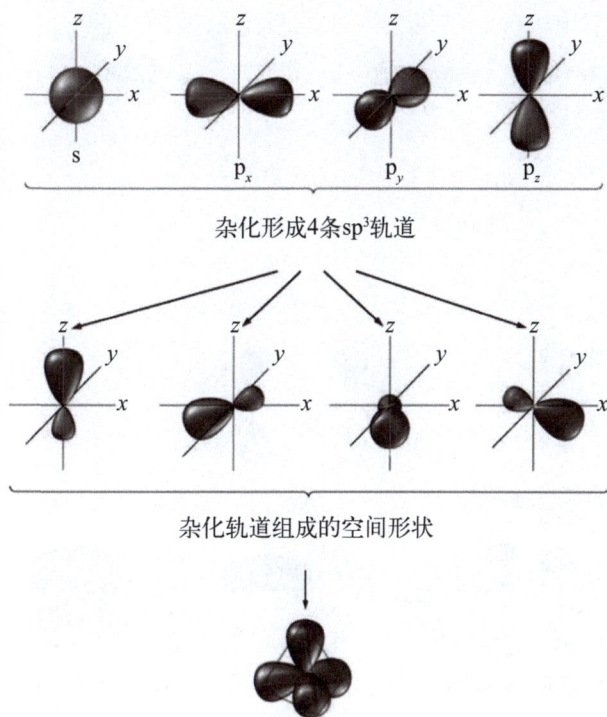

s p_x p_y p_z

杂化形成4条sp^3轨道

杂化轨道组成的空间形状

图0-13　sp^3杂化轨道形成过程示意图

sp²杂化轨道是由一条*n*s轨道和两条*n*p轨道组合而成的（图0-14）。杂化轨道的夹角为120°，3条sp²杂化轨道指向平面三角形的三个顶点。通常以BF_3的形成为例解释sp²杂化轨道的形成。B原子的基态电子构型为$1s^2 2s^2 2p_x^1$，当B原子与F原子形成BF_3分子时，基态B原子中2s中的一个电子激发到一条空的2p轨道上，使B原子的电子构型变为$1s^2 2s^1 2p_x^1 2p_y^1$。

sp杂化轨道是由一条*n*s轨道和一条*n*p轨道组合而成的（图0-15）。两条杂化轨道在空间的伸展方向呈直线形，夹角为180°。通常以$BeCl_2$的形成为例解释sp杂化轨道的形成。当Be原子与Cl原子形成$BeCl_2$分子时，基态Be原子$2s^2$中的一个电子激发到2p轨道上，一条s轨道与一条p轨道杂化，形成2条sp杂化轨道。

乙烯的结构中有一个碳碳双键，碳原子间其中一个键的产生来自每个原子的sp²杂化轨道的重叠，这种重叠发生在连接两个原子核的直线上，以"头碰头"的方式重叠的轨道产生一个σ键（图0-16），"头碰头"重叠程度大、稳定、呈轴对称、可沿键轴旋转。碳原子

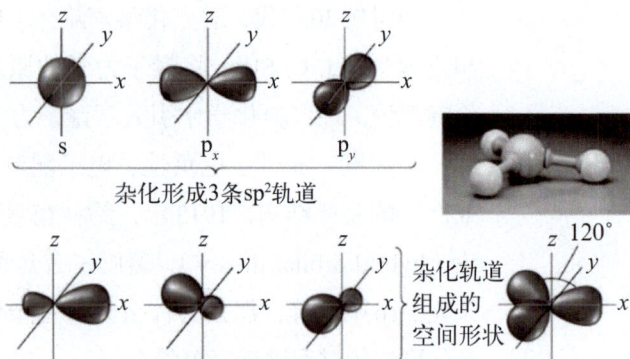

图0-14　sp²杂化轨道形成过程示意图

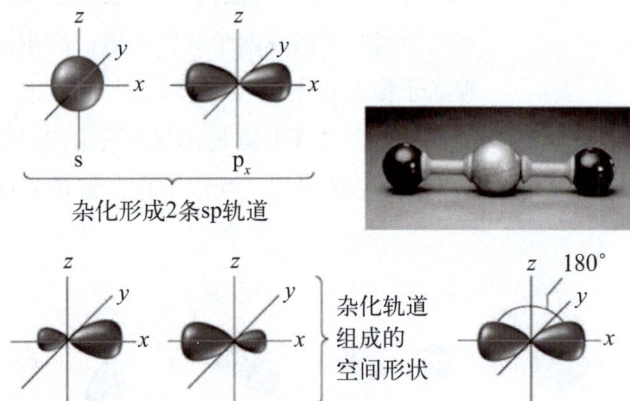

图0-15　sp杂化轨道形成过程示意图

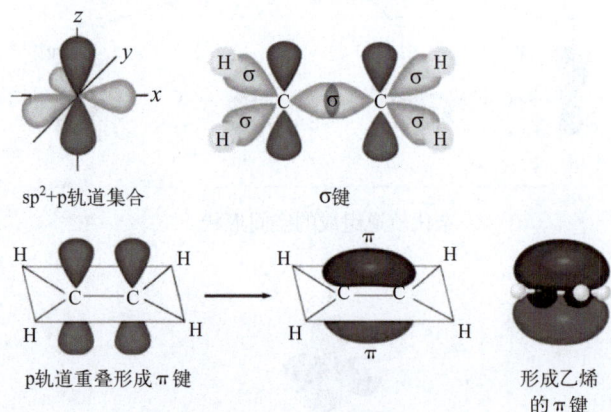

图0-16　σ键和π键形成过程示意图

之间的第二个键是由未杂化的 p 轨道重叠而形成的。在这个键中，在碳原子和氢原子平面的上方和下方有一个高电子电荷密度的区域，由两个平行轨道的这种"肩碰肩"重叠所产生的键被称为 π 键，"肩碰肩"重叠程度小、不稳定、呈平面对称、不能旋转。

在价键理论成熟之后，有机合成化学进入了快速发展和成熟时期。科学家们向着结构更复杂的有机分子发起了挑战，此间比较有代表性的有机合成大师是 R. Robinson（1947 年获得诺贝尔化学奖）、R. B. Woodward（1965年获得诺贝尔化学奖）和 E. J. Corey（1990 年获得诺贝尔化学奖）。

化学史是人类对自然界各种化学现象的认识史，记录了化学思想的发展和演进。有机化学兴起于整个化学史中间，成为成熟的学科之后很快显示出了它的勃勃生机。通过有机合成（organic synthesis）可以创造出各种人类生活中所需的产品，如医药、有机材料及染料等。

第1章

有机化学之药物

1.1 药物的起源及应用

1.1.1 中药有效物质与化学

1.1.1.1 常见的中草药及其功效

中医药是中华文明的瑰宝，虽然在中西文明的交融碰撞中，它的地位也曾被质疑过，但青蒿素的出现，挽救了数百万人的生命。2000年以来，世界卫生组织把青蒿素类药物作为首选抗疟疾药物，它的研究者屠呦呦也因此获得了诺贝尔生理学或医学奖。在2020年暴发的新冠疫情中，从中医药中筛选出临床正式的"三药三方"，提高了治愈率、降低了死亡率，药物有效率达到了90%以上。中医药底蕴深厚，是我国古人一代一代总结传统医药的文化沉淀，是我国的国粹，也是人类文明的一个进步。虽然中医药有一些不合理的糟粕，但不可否认它的实用价值与独到之处。

中药的效能分为十种，"药有宣、通、补、泻、轻、重、滑、涩、燥、湿十种，是药之大体。"后又补充了两种，"寒可去热（清凉药），热可去寒（温热药）。"现在的中药分类比较明朗，大致分为解表药、清热药、泻下药、祛风湿药、芳香化湿药、利水渗湿药、温里药、理气药、消导药、驱虫药、止血药、活血药、化痰止咳平喘药、安神药、平肝息风药、开窍药、补益药、固涩药、涌吐药19类。现着重介绍比较常见及常用的几种中药药材和功效。

（1）解表药

解表药具有发散作用，包括疏解风寒、风湿、风热、暑气等外邪犯表，比较常见的解表药有麻黄、生姜等。麻黄位列诸多解表药之首，认为其主要有发汗、平喘、利水三大功能，现以麻黄（图1-1）为例进行探讨。

麻黄总生物碱为麻黄的主要有效成分，有扩张支气管的作用，其中麻黄碱含量最高，占总生物碱的40%~90%，有研究考察了麻黄水煎液及其化学组分对大鼠器官平滑肌作用的影响，研究表明生物碱组分和多糖组分为麻黄平喘的主要物质基础。在体内喷雾致喘实验中，麻黄水煎液、生物碱和多糖组分，均有平喘作用。麻黄能利水，麻黄水煎液和生物碱成分还

图1-1 麻黄

能够显著增加大鼠24h尿量，具有显著的利水消肿功效。除此以外，麻黄生物碱还对金黄色葡萄球菌有抑制作用，并且随着生物碱浓度增加作用效果更好。在抗肿瘤方面，其主要用在肺癌、乳腺癌、甲状腺癌等相关的研究中。

图1-2　黄连

（2）清热药

凡是以清解里热为主要作用的药物，为清热药。常见的清热药有黄连、金银花等。现以黄连（图1-2）为例进行探讨。

黄连内含有多种化学成分：生物碱、香豆素、有机酸、甾体、黄酮以及挥发油等。目前，从黄连中分离出来的生物碱几乎都是异喹啉类生物碱。2020年版《中华人民共和国药典》规定，黄连碱、小檗碱、巴马汀作为黄连的指标性成分。其中，小檗碱是黄连主要成分的一种，味苦，物理性状为黄色针状结晶，也被称为黄连素，研究表明其具有明显的抗菌作用，小檗碱和黄酮结构式，如图1-3所示。

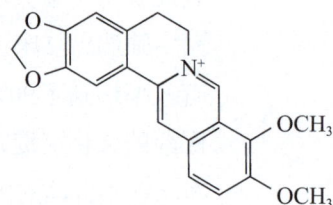

小檗碱

(a)

（3）补益药

凡能补益正气、增强体质，以提高抗病能力的药物为补益药。常见的补益药有：冬虫夏草、人参、鹿茸、龙眼肉、三七等。多数补益药含有较多的糖类成分，许多糖类成分除了营养作用外，还有显著而特殊的药理学特征。现以冬虫夏草为例进行讨论。

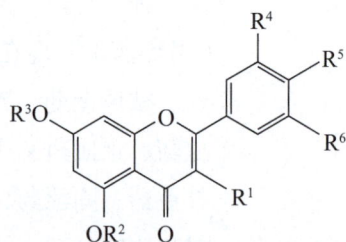

黄酮

(b)

图1-3　小檗碱和黄酮的结构式

不同学者采用不同方法对冬虫夏草及其菌丝体的化学成分进行了广泛的研究，其化学成分大致可分为多糖类、蛋白质及氨基酸类、酯类、核苷类、甘露醇、麦角甾醇类、微量元素等。

利用化学法、傅里叶变换红外光谱法及色谱法对冬虫夏草多糖的组分和含量测定可知，D-葡萄糖（59.13%）、D-甘露醇（21.73%）和D-半乳糖（19.14%）是其主要成分。D-甘露醇的俗名为虫草酸，截至目前被认为是虫草中主要的活性成分之一，也是目前评价虫草质量的重要标准。

国内外的研究表明，虫草素（图1-4）作为冬虫夏草核苷的主要活性物质，具有降血脂、调节机体免疫功能、抗肿瘤、消炎等多种功能。此外，

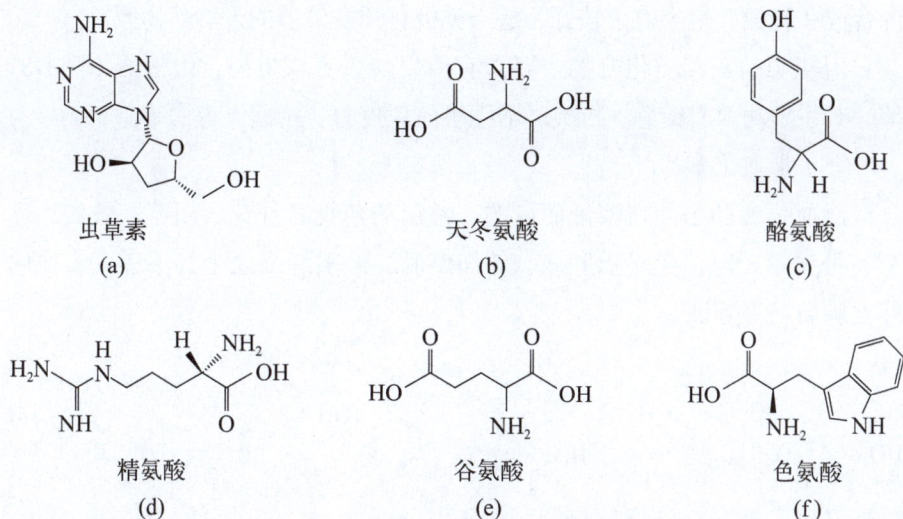

图1-4 虫草素、天冬氨酸、酪氨酸、精氨酸、谷氨酸和色氨酸的结构式

研究发现，冬虫夏草中含有天冬氨酸、酪氨酸、精氨酸、谷氨酸、色氨酸等氨基酸，其中7种为人体必需氨基酸、4种为鲜味氨基酸、9种为药效氨基酸，谷氨酸和天冬氨酸是两种主要的氨基酸，谷氨酸、色氨酸和酪氨酸为主要药理成分。小鼠实验发现，冬虫夏草氨基酸能有效增加小鼠的游泳时间，降低血乳糖水平，具有抗疲劳的作用，还有增强免疫力的功能。

（4）消食药

消食药以消食导滞、促进消化为主要功效。山楂、神曲、麦芽、砂仁等都是消食药。现以最常见的山楂（图1-5）为例进行讨论。

山楂在我国具有1700多年的药用历史。其酸甘、微温，归脾、胃、肝经，具有消食健胃、行气散瘀、化浊降脂等功效。研究表明，山楂主要包含黄酮类、黄烷类、有机酸类、氨基酸、三萜类、维生素以及矿质元素等。

黄酮类化合物是山楂的主要生物活性成分，如黄酮苷元、芹菜素、木犀草素、山奈酚、槲皮素、二氢黄酮（图1-6）等约占总生物活性成分的80%。

山楂中的黄烷及其聚合物，以花青素、儿茶素、矢车菊素（图1-7）为主。该类化合物以单体或二聚物、多聚物形式存在，具有保健作用，且抗氧化活性及清除自由基能力较强。山楂中花青素抑制炎性因子

图1-5 山楂

的合成和释放，抗炎效果较好，是一类极有开发价值的天然药物原料。

山楂中的三萜类化合物主要含有熊果酸、齐墩果酸、山楂酸（图1-8）等，其主要功效有镇静、抗炎、增强机体免疫力、抗菌、美白等。

（5）活血化瘀药

活血化瘀药是为血瘀证而设的。常用的药物有红花、川芎、桃仁、赤芍、丹参等，以治疗瘀积肿痛、外伤瘀肿、瘀阻经络之半身不遂，瘀血内停之胸胁诸痛等证。

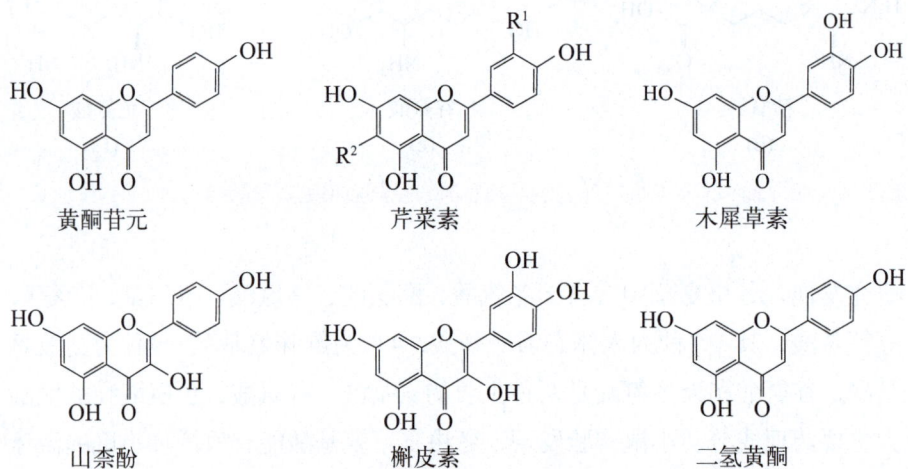

黄酮苷元　　　　　　　芹菜素　　　　　　　木犀草素

山柰酚　　　　　　　槲皮素　　　　　　　二氢黄酮

图1-6　山楂中黄酮类化合物的名称及其结构式

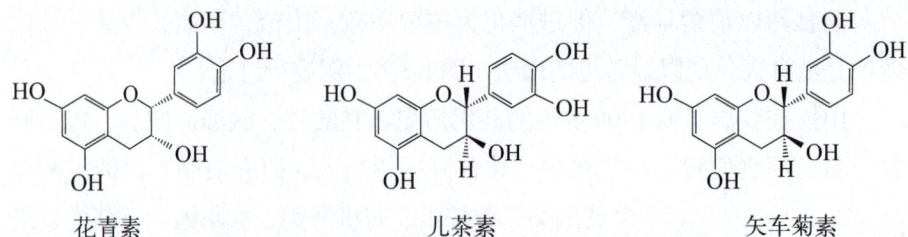

花青素　　　　　　　儿茶素　　　　　　　矢车菊素

图1-7　山楂中的主要黄烷及其聚合物的名称及其结构式

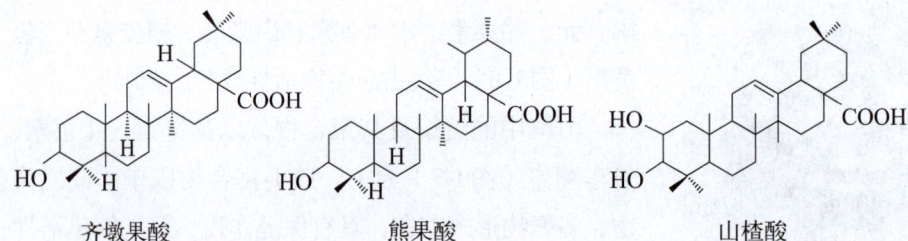

齐墩果酸　　　　　　熊果酸　　　　　　　山楂酸

图1-8　山楂中主要的三萜类化合物的名称及其结构式

活血化瘀药之所以有活血化瘀的效果，正是基于其中活血化瘀的有效成分对人体的作用，国内外已做了很多研究工作，但是对每味药研究的深度不太平衡。研究比较深入的，已分离出了能体现这味中药活血化瘀疗效或部分疗效的有效成分。这些药包括（括号内为活血化瘀主要有效成分）：川芎（川芎嗪、阿魏酸）、三七（三七素、三七总皂苷）、丹参（丹参素、丹参酸乙、丹参酮）、赤芍（赤芍苷）、红花（红花黄色素）等。现以红花为例进行讨论。

从红花中分离得到的化学成分包括黄酮类、生物碱类、木脂素类、甾醇类、有机酸类、烷基二醇类及多炔类等，其中醌式查耳酮碳苷类是红花中特有的活性成分。黄酮类成分是红花中研究最全面的一类成分。醌式查耳酮碳苷类是活性黄酮类成分。红花中几乎所有的红色素和黄色素都归属醌式查耳酮碳苷类化合物。迄今为止，从红花中分离获得25种醌式查耳酮碳苷类化合物，羟基红花黄色素A（hydroxysafflor yellow A）是主要活性成分。除了醌式查耳酮碳苷类成分以外，红花中的黄酮类成分还包括黄酮、黄酮醇、二氢黄酮类化合物。从红花中分离得到的生物碱类成分以5-羟色胺衍生物为主。

现代药理研究表明，红花的水提物以及从中分离的单体成分，如羟基红花黄色素A具有保护脑组织、心肌组织和成骨细胞，抗血栓形成，抗炎，等作用，这些生物活性与红花活血通经、散瘀止痛的传统功效密切相关。

（6）安神药

凡以安神定志、治疗心神不宁为主要功效的药物，称为安神药。安神药分为重镇安神和养心安神两类。前者为质地沉重的矿石类物质，如朱砂、琥珀、磁石等；后者为植物药，如酸枣仁、柏子仁、远志、合欢皮、首乌藤等。现以柏子仁为例进行讨论。

近年来的研究显示，柏子仁中主要包含油脂、氨基酸、皂苷和萜类等化学成分。李淑芝等同样采用气相色谱-质谱（GC-MS）法测定了中药柏子仁中的脂肪油类化学成分，结果显示柏子仁油中除含微量挥发油（主要是脂肪油，且以不饱和脂肪酸为主）外，还含有多种氨基酸成分。有研究测定并对比了不同产地柏子仁药材中18种氨基酸的含量，发现不同产地样品中所含氨基酸成分均以谷氨酸的含量最高，谷氨酸具有开发智力、活跃思维等作用。亮氨酸可以治疗偏头痛、缓解焦躁及紧张情绪；色氨酸有促进睡眠的作用，二者在柏子仁中所占比例也较高，这与柏子仁具有的益智、宁心安神的功效一致。有研究发现，柏子仁油能不同程度增加小鼠睡眠指数，柏子仁皂苷能明显延长小鼠睡眠时间。

（7）补气药

补气药，又称益气药，就是能治疗气虚的药物。主要药材：人参、党参、黄芪、白术、山药。

图1-9 黄芪

黄芪（图1-9）的应用历史非常悠久，已经超过了2000年。黄芪当中有许多非常重要的活性成分，例如多糖，从黄芪中分离出的多糖成分，以葡聚糖和杂多糖为主。黄芪中的多糖类物质具有独特的生物活性，在慢性病治疗过程中的前景非常广泛。

除了多糖类物质以外，黄芪中的其他成分也被逐渐检测出来，其中有一部分就是皂基成分。目前已经从黄芪以及同属植物当中分离出了40多种具有活性成分的三萜皂苷类化合物，其中包括乙酰基黄芪皂苷、异黄芪皂苷以及临床当中最常见的黄芪皂苷。临床当中也将该成分的含量作为黄芪类药物的定性指标。由于黄芪中的皂苷类成分含量非常高，因此黄芪有望成为一种治疗心血管相关疾病的新的药物。同时，通过动物实验已经证实，从黄芪中提取的黄酮可以降低缺血性心律失常的发生率。

1.1.1.2　中药类药品

（1）"上药牌"胆宁片

胆宁片源于上海两位已故名医顾伯华、徐长生教授的验方，由上海中医药大学附属龙华医院终身教授朱培庭与上海和黄药业有限公司共同研制开发而成。

胆宁片由7味药组成，包括大黄、虎杖、青皮、陈皮、郁金（图1-10）、山楂、白茅根，具有疏肝利胆、清热通下的功效。这个复方之所以能改善胆汁酸代谢紊乱，治疗胆汁淤积性肝损伤，是因为其有效成分——姜黄素、白藜芦醇能激活"法尼酯x受体"（FXR），调控FXR信号通路。FXR是胆汁酸的核受体，对人体内胆汁酸稳态调控有重要影响。

（2）疏风解毒胶囊

疏风解毒胶囊被证实有疏风清热、解毒利咽的显著功效。它主要由虎杖、连翘、板蓝根、柴胡、败酱草、马鞭草（图1-11）、芦根及甘草8味药材构成。

（3）六味地黄丸

六味地黄丸是滋阴补肾的经典名方，由熟地黄、山茱萸（制）、牡丹皮、山药、茯苓、泽泻（图1-12）6味药材组成，具有滋阴补肾的功效。

尽管众多学者进行了大量的临床和实验研究，但是更确切的机制仍未完全阐明，如六味地黄丸中的哪些成分参与了疾病的治疗，对机体的哪些靶细胞产生了作用，尚不够清楚。所以六味地黄丸治疗肾脏疾病的机制还有待进行更系统、更深入的实验研究，尤其是需要从细胞、分子水平进一步开展，以期更好地指导临床，发挥经典名方的临床应用价值。

1.1.2 药物化学的起源

19世纪初至中期，由于自然科学和技术的发展，化学已有相当牢固的

| 大黄 | 虎杖 | 青皮 | 陈皮 | 郁金 |

图1-10 胆宁片中含有的主要药材

| 连翘 | 板蓝根 | 柴胡 | 败酱草 | 马鞭草 |

图1-11 疏风解毒胶囊含有的主要药材

| 熟地黄 | 山茱萸 | 牡丹皮 | 山药 | 茯苓 | 泽泻 |

图1-12 六味地黄丸含有的主要药材

基础。当时药物化学的主要方向是利用化学方法提取天然药物中的有效成分，例如吗啡、可卡因、奎宁、尿素等，供临床应用，通过对天然药物中有效成分的研究，可以精确地测定其理化性质和化学结构，进而利用化学合成方法制取化学药物。

19世纪中期以后，由于燃料等化学工业的发展，许多药物转以煤焦油产品或燃料工业的中间体或副产品为原料，进行大规模的生产，因而促进了化学药物的发展。例如，安替比林、阿司匹林和非那西丁等解热镇痛药，苯酚、萨罗和木馏油酚等消毒水，水合氯醛等催眠药，亚硝酸酯类血管扩张药等化学药物，都是这个时期发现的。19世纪末德国药物学家佩利希（P. Ehrlich）提出化学治疗的思想，即制造对人无害而能杀死细菌的化学药物，化学治疗概念的确立，为一系列化学治疗药物的发展奠定了基础。例如，早期含金属的有机药物用于锥虫病、阿米巴病和梅毒等传染病的治疗，后来发展成为治疗疟疾、寄生虫病和细菌性传染病的药物。可以说化学治疗概念的确立，标志着药物化学学科的建立。

药物化学的发展随着人类社会的进步和自然科学的发展，大致分为3个阶段：发现阶段、发展阶段和设计阶段。

（1）发现阶段

发现阶段为19世纪末至20世纪30年代。主要表现为从动植物体内分离、制备和测定许多天然产物，如生物碱、苷类化合物等。同时，某些天然的和合成的有机染料和中间体，用于致病菌感染的治疗过程中，发现了一些合成的化合物具有化学治疗作用，被用于临床。

（2）发展阶段

发展阶段大致在20世纪30年代到60年代，可称为药物发展的"黄金时期"。这一阶段的发展成就包括：合成药物大量出现，内源性生物活性物质的分离、测定和活性的确定，酶抑制剂的联合应用，等。20世纪30年代中期，Domgk首次将百浪多息用于临床治疗细菌感染，开创了现代化学治疗的新纪元，由此开发了数十种临床应用的磺胺类药物。1940年青霉素的疗效得到了肯定，是治疗学上一个极其重要的发现，从此以青霉素为代表的抗生素以及此后的半合成抗生素的研究得到了迅速发展。同年，Woods和Fildes发现了磺胺类药物的抗菌作用是由于竞争抑制了细菌所需的对氨基苯甲酸，使细菌不能生长繁殖，从而建立了抗代谢学说。应用抗代谢学说发现了一些抗肿瘤药、利尿剂、抗疟疾药、长效磺胺和甲氧苄啶等。20世纪

30年代到40年代发现的化学药物最多，这一时期是药物化学发展史上的丰收时期。改进了单纯从药物的显效基团或基本结构寻找新药的方法，例如利用潜效（latentiation）和前药（prodrug）概念，设计能降低毒性、减少不良反应和提高选择性的新化合物。1952年发现治疗精神分裂症的氯丙嗪后，精神疾病的治疗，取得突破性的进展。60年代，吲哚类化合物的抗炎作用引起了人们的重视，发现了非甾体抗炎药吲哚美辛，非甾体抗炎药成为新药研究的活跃领域，一系列抗炎新药先后上市。70年代初，人们发现维拉帕米等药物可作用于血管平滑肌的钙通道，起到钙拮抗作用以后，一系列钙拮抗剂问世，这是重要的心脑血管药物，其中对二氢吡啶类（如硝苯地平）的研究较为深入。

（3）设计阶段

20世纪80年代初期，诺氟沙星正式用于临床后，迅速掀起喹诺酮类药物的研究热潮，相继合成了一系列该类药物。

90年代初以来上市的新药中，生物技术产品占较大的比例。通过生物技术改造，传统制药产业可提高经济效益，利用转基因动物乳腺生物反应器研制、生产药品，是21世纪生物技术领域研究的热点之一。现在，人们对生命健康越来越关注，在新药研发方面的投入越来越大，据报道，1981年后上市的小分子药物中，化学合成药物占了非常大的比例（图1-13）。毫无疑问，化学合成药物仍是目前新上市药物的最主要组成。

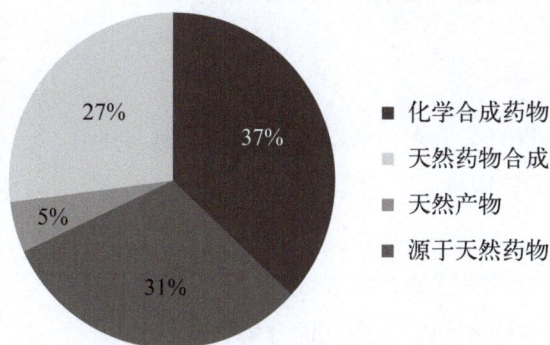

图1-13　1981年后新上市的所有药物占比

图例：
- 化学合成药物　37%
- 天然药物合成　27%
- 天然产物　5%
- 源于天然药物　31%

1.1.3　药箱里的"常青树"——三大经典药物

迄今为止，市面上的药物不计其数，但他们的命运各有不同，有些上市后发现有副作用或者不良反应被撤市（沙利度胺）；有些市场占有率太低被撤市；有些上市后迅速占领市场；更有上市百年后还在大量使用，被医药界津津乐道，这种药被称为经典药物。"真金不怕火炼"，好药物经过了时间的考验，最终成为经典药物。在医药界，很多药物被称为经典药物，但公认度最高的三大经典药物是青霉素、阿司匹林及地西泮。他们都拥有悠久的历史，并且适用人群广，几乎遍布全球。

1.1.3.1 抗生素的里程碑——青霉素

青霉素是一种高效、低毒、临床应用广泛的重要抗生素。它研制成功大大提升了人类抵抗细菌性感染的能力。

（1）青霉素的发现

青霉素的发现是一个意外。1928年，弗莱明（Alexander Fleming）正在研究对付葡萄球菌的办法，由于外出度假，忘记了实验室里的培养皿中正生长着细菌，3周后回去时发现与空气接触的一个培养皿中长出了一团青绿色的霉菌。弗莱明将其拿到显微镜下观察，发现它周围的葡萄球菌菌落已被溶解。将该霉菌的分泌物稀释800倍后仍能杀死细菌。弗莱明将这种霉菌分泌物称为青霉素。

1938年，英国弗洛里（Howard Walter Florey）和钱恩（Chain Ernst Boris）在阅读文献时发现了弗莱明的文章，并开始着手继续弗莱明当年的研究。他们将弗莱明发现的液状霉菌分泌物经过一系列的提纯操作后得到黄色粉末。他们证实青霉素即使稀释50万倍仍能有效杀菌，药效极高。随后，美国企业于1942年开始大批量生产青霉素。

（2）青霉素的药效

青霉素是一种主要作用于革兰氏阳性菌的抗生素，通过破坏细菌细胞壁而产生较强的杀菌作用。青霉素类药物的抗菌性强、抗菌谱广、毒性低，是具有重要临床价值且广泛应用的药物。

青霉素类抗生素水溶性好，消除半衰期不超过2h，主要经肾排出。青霉素类抗生素应现配现用，因为它在水溶液中不稳定，会加速分解，放置时间过久，还易产生致敏物质导致过敏。按国家卫生健康委规定，使用青霉素类抗生素前均需进行青霉素皮试，阳性反应者禁用。

知识拓展

反应停事件

反应停（沙利度胺）是一种用于治疗早孕反应的药物，有一段时间在西欧流行。到了1960年，医生们对很多新生儿四肢缩短和其他畸形的现象产生警觉，究其原因是孕妇服用了"反应停"。由于它能引起胎儿海豹肢畸形，因此其1961年被禁用，但当时全世界约有8000名婴儿已经受害。

后来的研究找到原因，发现化学反应合成的沙利度胺实际上是由两种各占50%的空间结构呈镜面对称的化合物组成的，这一对化合物的相似性就像我们的左右手，难以区别，被称为手性化合物（图1-14）。被格兰泰公司推向市场的沙利度胺是外消旋化合物（即 *R*、*S* 构型混合物），其中的 *R* 构型化合物具有抑制妊娠反应和镇静作用，而 *S* 构型化合物则有致畸性。罪魁祸首就是它！

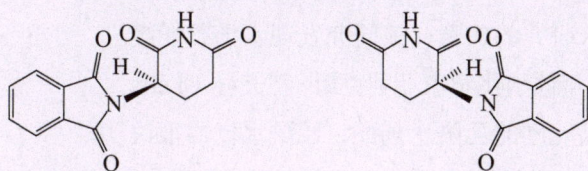

R 型，镇静作用   *S* 型，强烈致畸

图1-14　沙利度胺的 *R* 构型和 *S* 构型

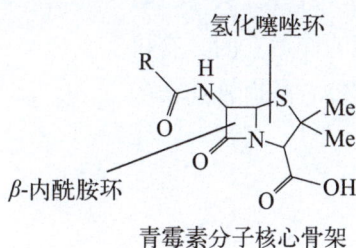

β-内酰胺环

青霉素分子核心骨架

图1-15　青霉素结构式

（3）青霉素的结构与特点

青霉素自20世纪40年代投入使用以来，一直是应用广泛且重要的一类抗生素。青霉素基本结构，如图1-15所示。

青霉素母核结构——青霉烷酸（双环结构——β-内酰胺环并氢化噻唑环），其中 β-内酰胺环为维持抗菌活性的最基本结构。环的张力比较大，其稳定性极差，易受到亲核性或亲电性试剂的进攻，使 β-内酰胺环破裂，导致青霉素失效并产生致敏物。β-内酰胺环的高度不稳定性，使其具有不稳定的化学性质，在酸、碱条件下或在 β-内酰胺酶存在条件下，β-内酰胺环均易发生水解和分子重排，一旦 β-内酰胺环破坏，其立即失去抗菌活性，金属离子、温度升高和氧化剂均可催化其分解反应。

1.1.3.2　化学药物新时代——阿司匹林

（1）阿司匹林的发现

在公元前1550年左右完成的古埃及医药文献《埃伯斯纸草卷》中记载了古埃及人用柳树叶消炎镇痛。公元前400年，希腊医生希波克拉底给妇女服用柳叶煎茶来减轻分娩的痛苦。1758年英国 Edward Stone 教士发现晒干的柳树皮对缓解疟疾的发热、肌痛、头痛症状有效。到了19世纪初期，随着技术革新、科学进步和生产发展，柳树皮消炎镇痛的有效成分被发现。1828年，慕尼黑大学药学教授 Joseph Buchner 首次从柳树皮中提炼出黄色晶体状活性成分并称为水杨苷。1838年，Raffaele Piria 从晶体中提取到更强效的化合物，并命名为水杨酸。1852年，蒙彼利埃大学化学教授Charles Gerhart发现了水杨酸分子结构，并首次用化学方法合成了水杨酸，然而该化合物不纯且不稳定导致无人问津。19世纪末，开始了对水杨酸盐类漫长的临床研究之旅。1876年，邓迪皇家医院医生John Maclagan在《柳叶刀》上发表了首篇对水杨酸盐类进行临床研究的文章，该研究发现水杨苷能缓解风湿患者的发热和关节炎症。1897年德国化学家菲利克斯·霍夫曼（Felix Hoffmann）通过修饰水杨酸合成了高纯度的乙酰水杨酸，乙酰水杨酸很快通过了对疼痛、炎症及发热临床疗效的测试。乙酰水杨酸被注册为"阿司匹林"，至此，阿司匹林作为非处方止痛药问世。

（2）阿司匹林的功效及药理性

阿司匹林作为历史悠久的解热镇痛药，临床应用于感冒发热、头痛、牙痛、神经痛、肌肉痛和痛经等，也具有抗炎、抗风湿的作用。因其有抗血小板凝集作用，临床也用于暂时性脑缺血、心肌梗死等心脑血管疾病的一级和二级预防。

1.1.3.3　镇定药物新篇章——地西泮（安定）

地西泮，又称安定（图1-16），是开启镇静催眠药物的医药史上第一个"重磅炸弹"，它与青霉素及阿司匹林并称为医药史三大经典药物。地西泮具有良好的催眠作用，有肌肉松弛、抗癫痫作用。

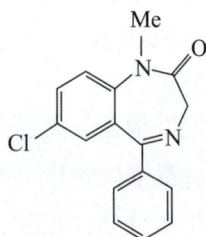

（1）地西泮的简介

地西泮是第二代镇静催眠药苯二氮䓬类药物，具有作用强、毒性小、安全范围大等特点。地西泮的结构中环比较稳定，但它在酸性溶液中可水解，口服药物后其在胃酸的作用下发生4位、5位间开环，开环后在碱性肠道中又可以闭环成原药。因此，这类药物的生物利用度很高。

图1-16
地西泮的结构式

（2）地西泮的合成

如图1-17所示，此工艺采用先闭环再甲基化的策略。以对硝基氯苯和苯乙腈为起始反应原料缩合环化，铁粉还原制得2-氨基-5-氯二苯甲酮，与氯乙酰氯反应生成甲基酰化物，甲基酰化物在乌洛托品作用下与碳酸铵发生环合反应，最后经硫酸二甲酯甲基化制成地西泮，从第三步之后的反应总收率为44.7%。2-氨基-5-氯二苯甲酮合成工艺已经很成熟，价格十分便

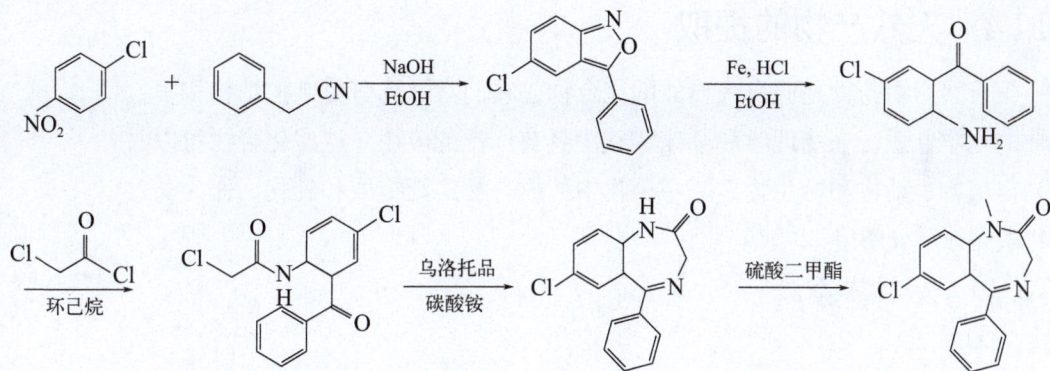

图1-17　地西泮的合成

宜，但之后的环合反应需要高温回流，条件苛刻，而且最后甲基化使用的硫酸二甲酯毒性很大。

（3）地西泮的结构与修饰

地西泮属于1,4-苯二氮䓬类药物，其结构可进行如下的几种改造（表1-1）：

a.3位上引入手性碳产生活性的差别（如奥沙西泮的3位是手性碳，右旋体的活性比左旋体强）。

b.A环上7位有吸电子基团时，药物活性明显增强，吸电子能力越强，作用越强。

c.C环上2'位引入体积小的吸电子基团，如F、Cl可使活性增强。

表1-1　地西泮的结构与修饰

药物名称	R^1	R^2	R^3	R^4	结构
奥沙西泮	Cl	H	OH	H	
替马西泮	Cl	CH_3	OH	H	
氯硝西泮	NO_2	H	H	Cl	
氟地西泮	Cl	CH_3	H	F	

1.1.4　天然产物的提取

天然产物药物是源自大自然的化合物，它们常常具有复杂的结构和多样的化学性质，在药理学和临床实践中具有广泛的应用。这些化合物可以来自植物、动物和微生物，其中植物中的成分被广泛提取和纯化，作为药物的有效成分使用。

（1）传统的提取法

① 渗漉法

渗漉法和浸渍法是最简单的溶剂提取法。提取过程不需要加热，适用于加热不稳定物质的提取。

② 水煎法

水煎法是传统中药的常用制备法，被广泛用于药材中多糖类成分的提取。

③ 回流法

回流法与渗漉法相比，可缩短提取时间，节省提取溶剂，是天然产物提取最常用的方法。该法需加热，不适用于加热不稳定物质的提取。

④ 索氏提取法

在回流的基础上增加虹吸装置，保证药材不被新鲜溶剂提取。索氏提取法可缩短提取时间，减少溶剂消耗，但同样不适合加热不稳定物质的提取。

（2）现代的提取方法

① 超临界流体提取法

以超临界流体为溶剂。当接近临界点时，超临界流体对组分的溶解能力随体系的压力和温度变化发生连续变化，从而可方便调节组分的溶解度和溶剂的选择性。可作为超临界流体的气体有很多，例如二氧化碳、乙烯、氨、氧化亚氮、二氯二氟甲烷，一般采用CO_2为溶剂，因为CO_2具有较低的临界温度和压力，以及化学惰性、低成本、无毒等优点。

② 超声波辅助提取法

是利用超声波技术来辅助溶剂提取的一种方法，超声波在溶剂中产生的空化效应能促进溶质在溶剂中的扩散和溶解，同时能传递热量，所以能缩短提取时间，提高提取效率。

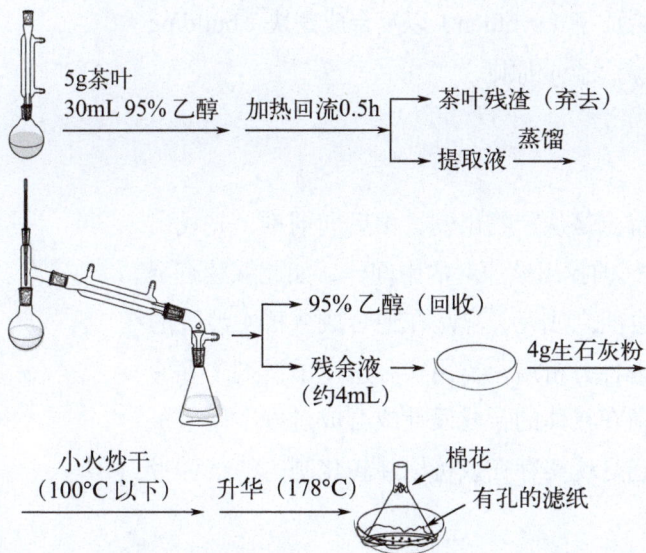

5g茶叶 30mL 95%乙醇 → 加热回流0.5h → 茶叶残渣（弃去）

提取液 → 蒸馏

→ 95%乙醇（回收）

残余液 → 4g生石灰粉
（约4mL）

小火炒干（100℃以下）→ 升华（178℃）→ 棉花 / 有孔的滤纸

图1-18　从茶叶中提取咖啡因

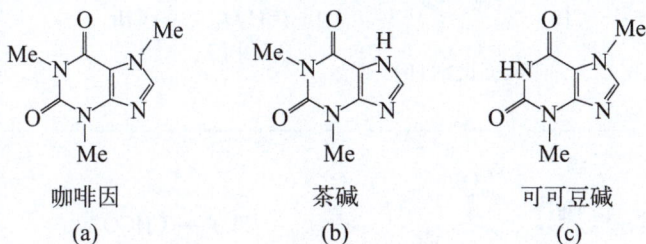

咖啡因 (a)　　茶碱 (b)　　可可豆碱 (c)

图1-19　咖啡因、茶碱和可可豆碱的结构式

（3）从茶叶中提取咖啡因

咖啡因可作为中枢神经系统兴奋剂，在药物中有广泛的应用。茶叶中含有1%～5%的咖啡因，可以采用索氏提取法从茶叶中提取咖啡因。当用索氏提取器提取时，需将样品放在滤纸制作而成的筒中，然后将其放在套管中，当溶剂加热回流时，溶剂蒸汽上升至冷凝管冷凝后流进套管中，润湿样品。当样品浸泡在溶剂中时，一些待提纯的物质逐渐溶解在热溶剂中。当套管快被充满时，溶剂会从虹吸管中流出，溶剂重新进入再一次蒸馏，此为一次循环，该循环能进行多次，提取时间可达数小时或数天（图1-18）。

茶叶中含有多种生物碱，主要成分为咖啡因，占生物碱1%～5%，还有少量茶碱和可可豆碱（图1-19）。咖啡因易溶于热水、乙醇等溶剂，在178℃可以升华为针状结晶。

1.2　合成化学中的基本概念及设计思路

合成（synthesis）定然是有目的的活动。也就是说在进行合成工作之前，首先务必清楚要获得哪个结构的有机物，然后分析目标产物的结构特点，最后确定合成所需的原料。这个过程中常用到这样几个术语，逆合成分析（retrosynthesis analysis）、合成子（synthon）以及合成砌块（building block）。下面分别详细介绍相关概念及合成原则。

1.2.1　相关概念

逆合成分析也称逆推法，其特点是从产物出发，由后向前推，先找出产物的前一步原料（中间体），再往前找出该原料的中间体，如此继续直至推出简单的初始原料。合成子，也叫合成元，它是在逆合成分析中涉及的用于构建目标物的分子片段，经理性分析后，需用实际所用的试剂（等价试剂）代替合成子。合成砌块是指在具体的合成设计或合成过程中用于拼接构建复杂化合物的分子单元，它是现实存在或可以经转化制得的一种带有官能团的试剂，如图1-20所示。

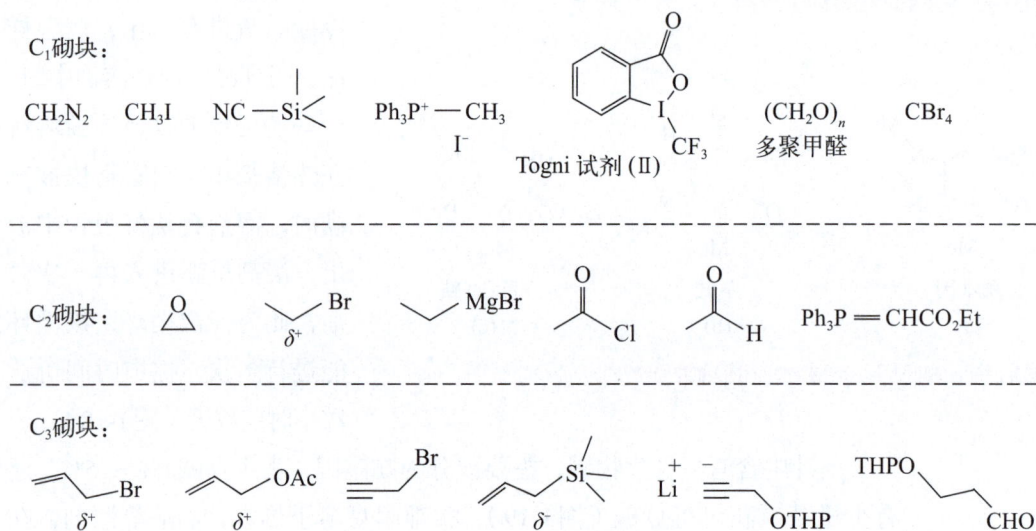

图1-20　常见的小于四个碳原子的合成砌块举例

下面通过对一种简单的有机物4-甲氧基苯乙酮进行逆合成分析，说明以上各概念的关系。该目标分子具有山楂花和类似茴香醛的香味，可以用作食品添加剂。在乙酰基官能团处进行切断，理论上有两对阴阳离子的合成子。但显然上面一对容易匹配寻找对应的等价试剂，因为乙酰基中羰基碳原子天然具有正电性，它的等价试剂可以为乙酰氯，通过二者发生酰基化反应可以制备出目标分子（图1-21）。

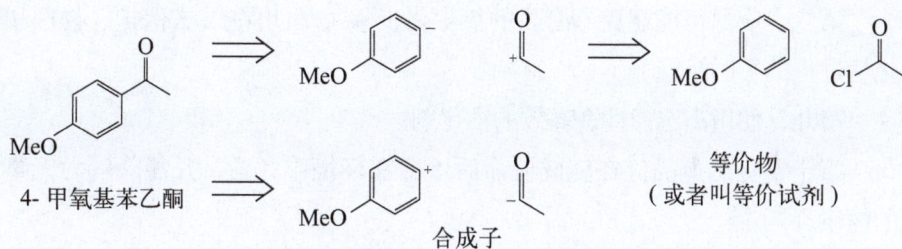

图1-21 逆合成分析过程中寻找等价试剂举例

1.2.2 合成原则

1.2.2.1 绿色化学

绿色化学又称环境友好化学、清洁化学，它的要义是指在制造和应用化学产品时应有效利用原料，消除废物和避免使用有毒或危险的试剂。绿色化学是不同于传统"治理污染"的可持续发展理论。它不是被动治理环境污染，而是主动防止化学污染，从而在根本上切断污染源，所以绿色化学是更高层次的化学，对环境和化工生产的可持续发展有着重要的意义。在绿色化学理念的倡导下发展起来的有机合成手段可称为绿色有机合成技术。这样使有机化学合成反应在提高效率的同时也向着减少废物的方向不断发展。Waner等人提出了绿色化学的一些标准，也称之为绿色化学的十二条原则：

第一，防止废物的产生优于在其生成后再进行处理或清理。

第二，合成方法应能把反应过程中所用的所有材料尽可能多地转化到最终产物中。

第三，只要可行，合成方法应只使用和产生对人类健康和对环境无毒性或很低毒性的物质。

第四，化学产品应既保留功效，又降低毒性。

第五，应尽可能避免使用辅助性物质（如溶剂、分离剂等），如必须使用，应是无毒的。

第六，应认识到能源消耗对环境和经济的影响，并尽量少地使用能源。如有可能合成应在常温和常压下进行。

第七，只要技术和经济上可行，原料或反应底物应是可再生的而不是即将耗竭的。

第八，应尽可能避免不必要的衍生化步骤（基团保护/去保护、物理和化学过程的暂时修饰）。

第九，使用高选择性、高效的催化剂。

第十，化工产品应在完成使命后不会在环境中久留，并能降解为无毒的物质。

第十一，分析方法需进一步发展，以使有害物质在生成前能够进行及时的跟踪及控制。

第十二，在化学反应过程中，使用的物质和物质的形态应尽可能地降低发生化学事故的可能性，包括泄漏、爆炸以及火灾。

另外，20世纪90年代美国的B. M. Trost教授也提出了原子经济性或原子利用率的概念，它是指被利用原子的质量除以全部反应物总原子质量的和。这个概念同样可以从一个方面考量化学反应本身的价值，与以上原则的第二条内容相似。

1.2.2.2　切断技巧

西方有一句谚语"条条道路通罗马"，意思是解决问题的办法不止一个。有机合成就是这种情况。要合成一个目标有机分子，我们或许可以设计多条合成路线，但是我们总是希望用最便宜易得的原料、最短的合成步骤、最温和容易的操作、产物最易提纯的反应、最高的产率来合成，这样一来，不同的合成路线就有好和不好的区别。可以说，在合成一个目标有机分子之前，合成路线的设计、选择是最关键的，合成路线设计不好，完全有可能使合成工作失败，或得到一个低效率的结果。

所以在逆合成分析中，要充分调动自己总结的间接经验和理论知识来选择最佳的切断方式，这是很重要的，或者说合成者要掌握一定的切断技巧。有机反应可以根据原料和产物之间的关系大致分为以下几类。

a.取代反应：在反应中分子的一个或几个原子（或原子团）被另一个或几个原子（或原子团）取代，例如卤代烷的水解等反应。

b.加成反应：在反应中 π 键破裂生成新的 σ 键，例如乙烯与溴的加成反应；不稳定的小环化合物破坏生成两个新的 σ 键也称加成反应，例如环氧乙烷与水的反应。

c.消除反应：在反应中从有机分子消除两个原子或原子团，例如卤代烷在碱性条件下脱卤化氢，生成碳碳双键，就是典型的 β 消除。

d.氧化还原反应：有机物被氧化或还原。

e.重排反应：反应中发生碳链的重构或官能团的迁移。

下面举几个例子加以说明逆合成分析中的技巧（图1-22）。例如，β-羟基羰基化合物或α,β-不饱和羰基化合物还可以利用 Aldol 反应、Reformatsky 反应、Perkin 反应、Claisen-Schmidt 反应、Cope 反应等来合成。这些反应同时也是α,β-不饱和羰基化合物的切断依据；Claisen 缩合反应是切断 1,3-二羰基化合物的主要依据，Claisen 缩合反应包括 Claisen 酯缩合、酮酯缩合、腈酯缩合等；利用迈克尔加成（Michael addition）反应构建 1,5-二羰基化合物，逆合成分析中切断任一α,β-键；对环酮来说，最好是在环和链相接之处切断（图1-23）。

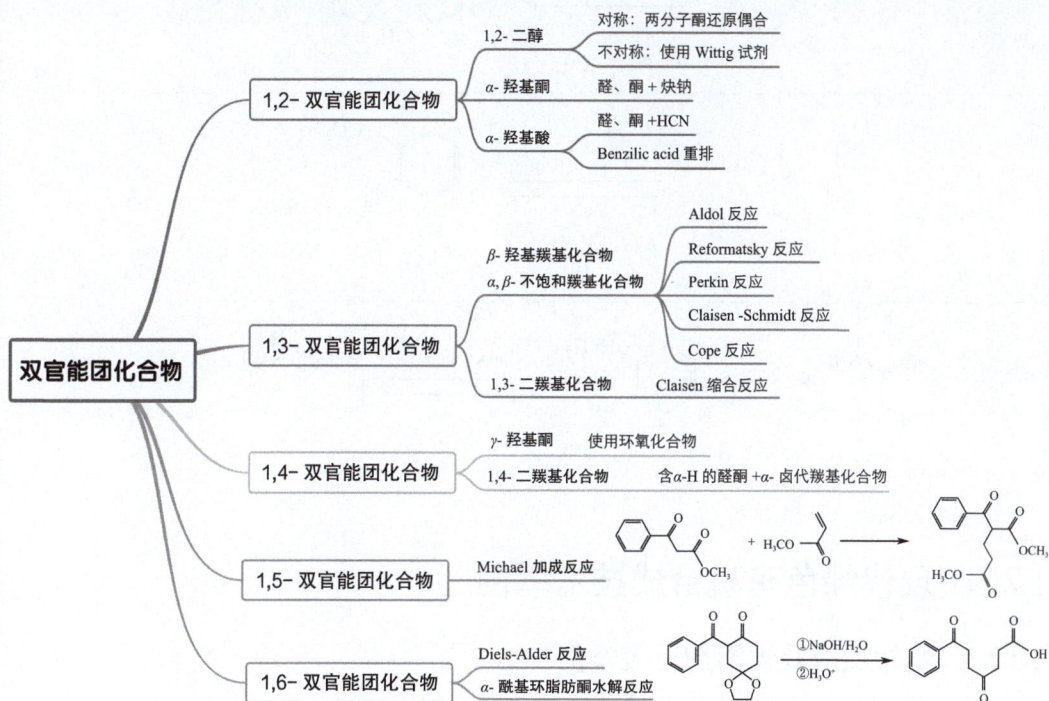

图1-22　双官能团化合物合成技巧小结

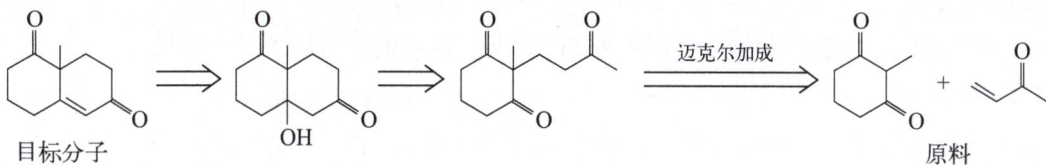

图1-23　迈克尔加成及缩合环化在合成中的应用实例

特别是对那些关键一步由重排而得到的化合物，显然逆合成分析时第一步就不能拆开了。第一步应该是观察重排的前体，或者说进行"反重排"，第二步才能拆开有些转化。图1-24的三个反应式中左侧是需要合成的目标产物结构，右侧是逆合成分析后应该选择的重排前体。

以图1-24（a）中的螺环化合物为例，它的结构特征很明显，但又比较陌生。羰基的存在也是一个重要的提醒，可以利用片呐醇（Pinacol）重排同时实现醇的氧化以及碳架的变化。以上三个例子的共同点是直接利用四大常见反应从正面合成比较困难，然而转换思维，观察出重排的前体是最巧妙的解决办法。

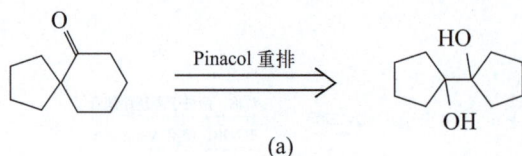

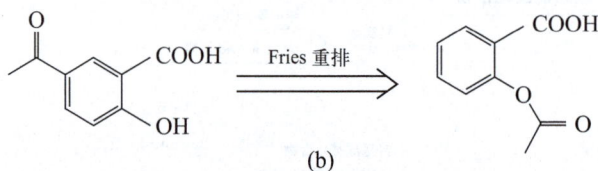

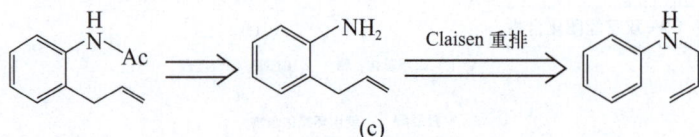

图1-24　重排反应在有机合成中的应用

1.2.3　现代绿色有机合成技术举例

1.2.3.1　水相反应及无溶剂反应举例

绿色化学的一个重要研究领域是绿色化学溶剂技术或替代反应条件。溶剂在化学反应及产物分离过程中被广泛使用。大量易挥发性有毒有机化合物作为溶剂使用带来了严重的环境污染并对人体造成伤害。因此，绿色化学溶剂技术对实现绿色化学反应及过程是十分重要的。可以预见，如果反应中非要加入一种溶剂，水则是理想的选择，一方面，它是地球上当之无愧的最无毒害的物质和人类所能获得的最安全的溶剂；另一方面，我们也可以选择在反应中不额外加入溶剂。与在溶液中相比，无溶剂条件形成了反应部位的局部高浓度，可以提高反应的速度和效率。在某些情况下可能需要使用一些助剂，如催化剂或固体载体。在无溶剂反应步骤中，常用光、研磨、微波加热和超声波方法。下面举例几个在以上条件下进行的反应。图1-25（a）中描述的是醛和吡咯在无溶剂条件下的缩合反应得到二吡咯取代的甲烷衍生物，图1-25（b）是一个无溶剂条件下的三组分反应，反应快速但它的普适性并不太好；图1-25（c）描述的是以水作为溶剂所发生的羟醛缩合反应，加入适量的水溶性碱性氨基酸可以加快转化速度。

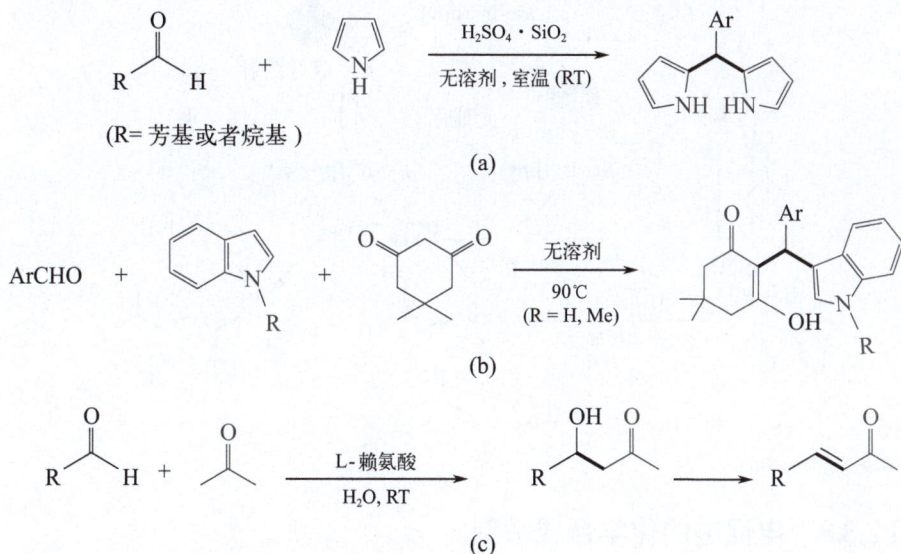

图1-25　绿色溶剂化学技术下的有机合成举例

1.2.3.2　光促进的化学合成举例

这里所讲的光促进的反应，是指有光敏剂加入催化的有机反应，在光照条件下，金属或者非金属催化剂的电子能级跃迁呈激发态，进一步与反应物作用并发生电子转移，这样就形成了自由基。

具体列举一个还原淬灭反应机制的铱催化剂参与的光促进化学合成的例子。激发态的光催化剂与反应物对甲苯磺酰氯发生作用，得到对甲苯磺酰氯自由基（Ts·）以及Ir^IV。Ts·接着对反应物1的烯基部位发生加成生成自由基中间体A，由于A中存在一个张力较大的四元环，同时反应可以形成热力学更稳定的新的自由基B，因此A到B可以完成一个不可逆的转化。中间体B在四价铱氧化下进一步转变为碳正离子中间体C，后者脱质子后得到γ,δ-不饱和醛类化合物3（图1-26）。

反应式：

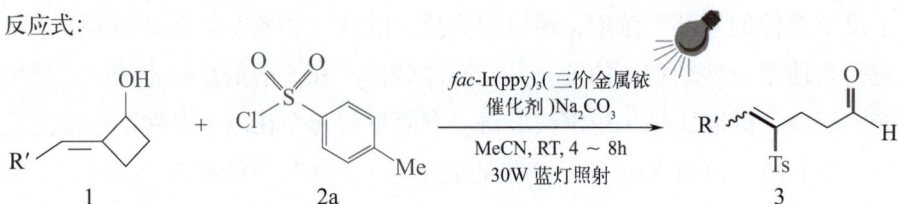

可能的反应机理：

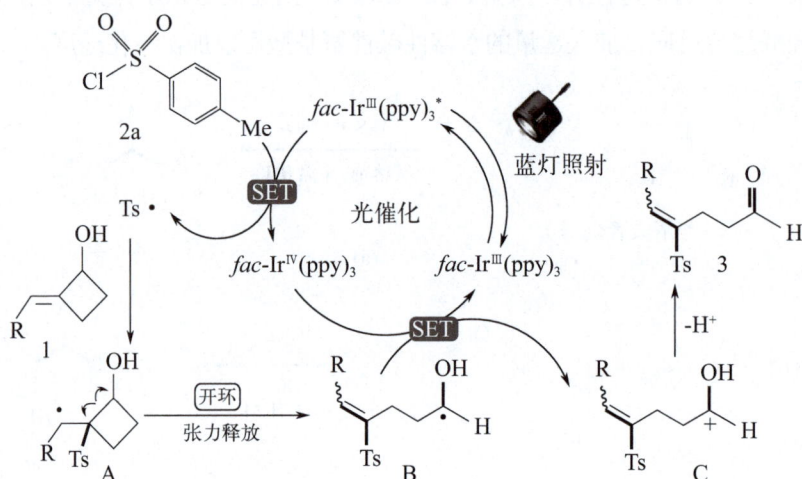

图1-26　光促进的有机合成反应举例
（SET为电子转移）

1.2.3.3　电促进的化学合成举例

电化学合成反应，其历史可追溯至一百七十多年前Kolbe电解醋酸制备烷烃，以致后来合成出更多结构复杂的有机产品。近十年来，一方面，受前期所提出的绿色合成理念的驱动；另一方面则是由于大量的从事多个有机合成前沿领域科学家的参与，比如C—H活化反应、自由基反应、偶联反应以及连续流技术等等，这样使电化学的应用潜力很快受到人们的普遍重视并进行了细致而深入的挖掘。现如今的电化学有机合成显示出前所未有的欣欣向荣的气象。客观上来讲，也因为其名副其实的合成优越性正吸引着更多的合成工作者的加入，这无疑会使它的价值得到更好、更全面的体现。

特别是在电化学自由基反应中，从自由基对碳碳不饱和键加成难易的角度，总体上来说，自由基对炔基的加成与烯烃相比更为困难，事实上报道也相对较少。下面以电化学氧化产生自由基的反应为例，具体描述一个有机反应的转化过程。在反应中，对甲苯亚磺酸根阴离子在电解池的阳极处失去一个电子形成 Ts·，然后它加成到 1,6-烯炔反应物中，经过连续发生两次自由基环化得到中间体 C，它在阳极处进一步氧化并脱去质子得到最终的桥环磺酰胺产物。同时，在阴极处氢离子得电子发生析氢反应（图 1-27）。

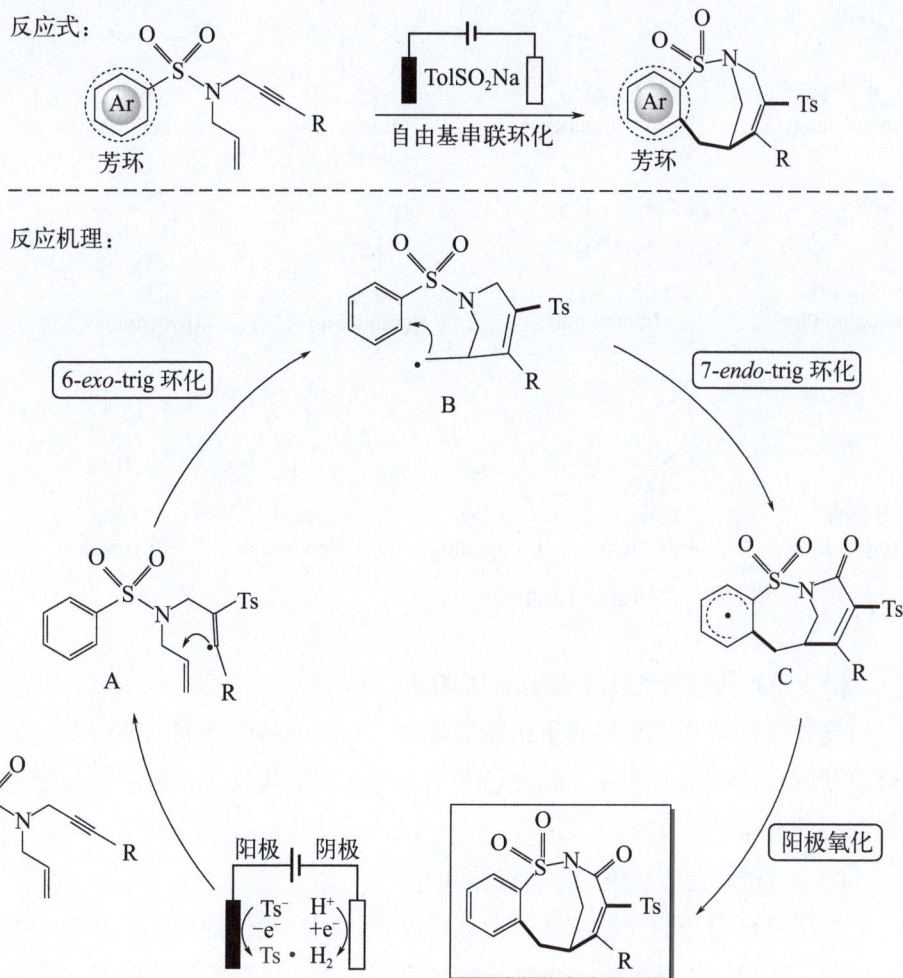

反应式：

反应机理：

图1-27　自由基参与的电化学有机合成反应举例

1.3　药物合成举例

如果我们浏览已经上市的药物分子的结构，会发现绝大多数有机分子中都含有一个杂环片段。所以有必要先来认识一些杂环结构所对应的名称，如图1-28所示。

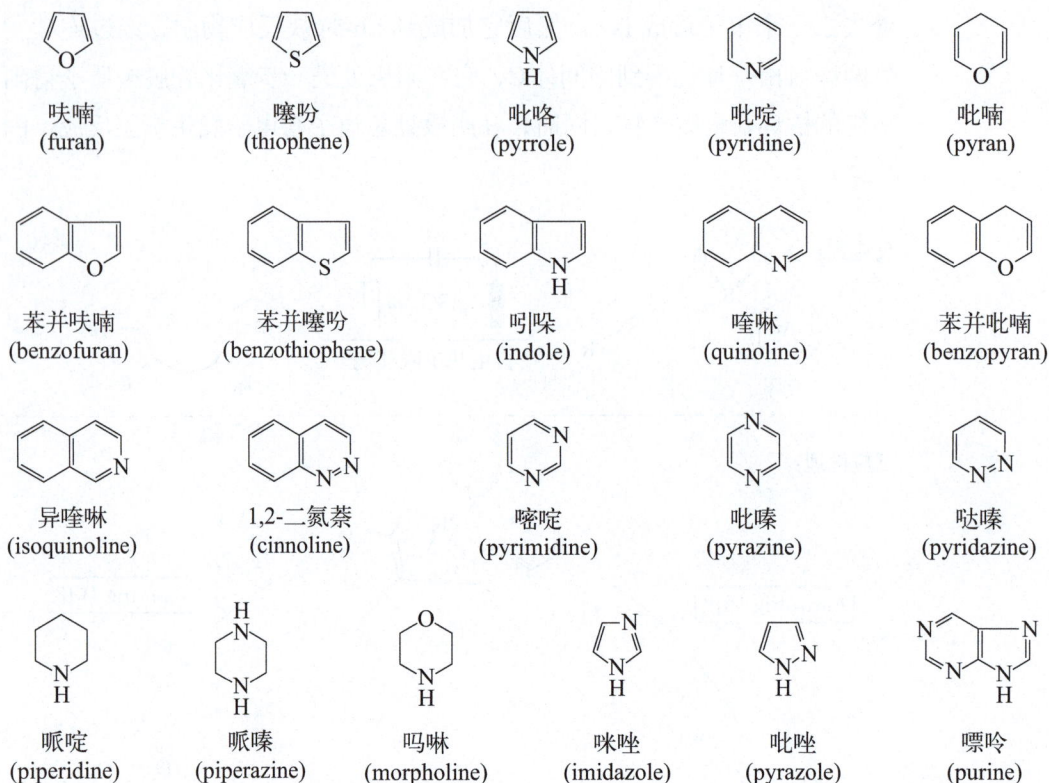

| 呋喃
(furan) | 噻吩
(thiophene) | 吡咯
(pyrrole) | 吡啶
(pyridine) | 吡喃
(pyran) |

| 苯并呋喃
(benzofuran) | 苯并噻吩
(benzothiophene) | 吲哚
(indole) | 喹啉
(quinoline) | 苯并吡喃
(benzopyran) |

| 异喹啉
(isoquinoline) | 1,2-二氮萘
(cinnoline) | 嘧啶
(pyrimidine) | 吡嗪
(pyrazine) | 哒嗪
(pyridazine) |

| 哌啶
(piperidine) | 哌嗪
(piperazine) | 吗啉
(morpholine) | 咪唑
(imidazole) | 吡唑
(pyrazole) | 嘌呤
(purine) |

图1-28　常见杂环化合物名称及其结构式

（1）抗血栓药物奥扎格雷钠的合成路线

奥扎格雷钠分子结构属于比较简单的。从4-甲基肉桂酸乙酯出发，先经过溴代反应，再与咪唑在碱性条件下发生亲核取代反应，最后经过酯的水解得到钠盐（图1-29）。

（2）抗过敏药物赛庚啶的合成路线

赛庚啶可用于治疗荨麻疹、湿疹、过敏性和接触性皮炎、皮肤瘙痒等过敏反应。以下描述的是一条关于它的合成路线。这条路线比较长，但里面涉及的反应大多是较常见的反应，如亲核加成、消除以及还原等。从产品结构来看，它的核心骨架包含一个6-7-6并环骨架。七元环的构建采取的是分子内的傅克酰基化反应（图1-30）。

（3）马来酸氯苯那敏的合成

马来酸氯苯那敏的合成从2-甲基吡啶出发，经氯化，与盐酸苯胺结合，经过Sandmeyer反应得2-对氯苄基吡啶，与溴代乙醛缩二乙醇进行烷基化，再与二甲胺和甲酸经Leuckart反应缩合得氯苯那敏（图1-31）。

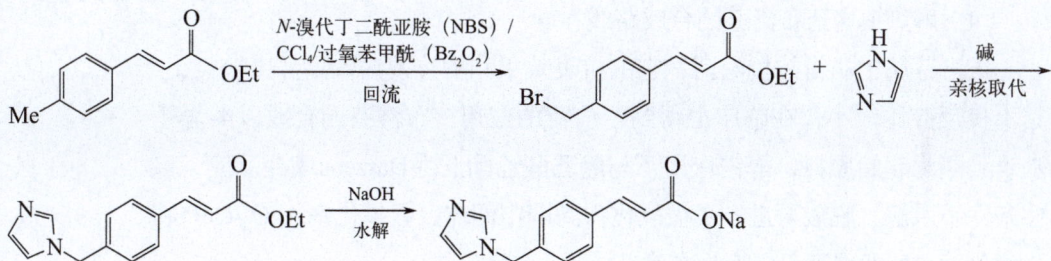

图1-29 抗血栓药物奥扎格雷钠的合成路线

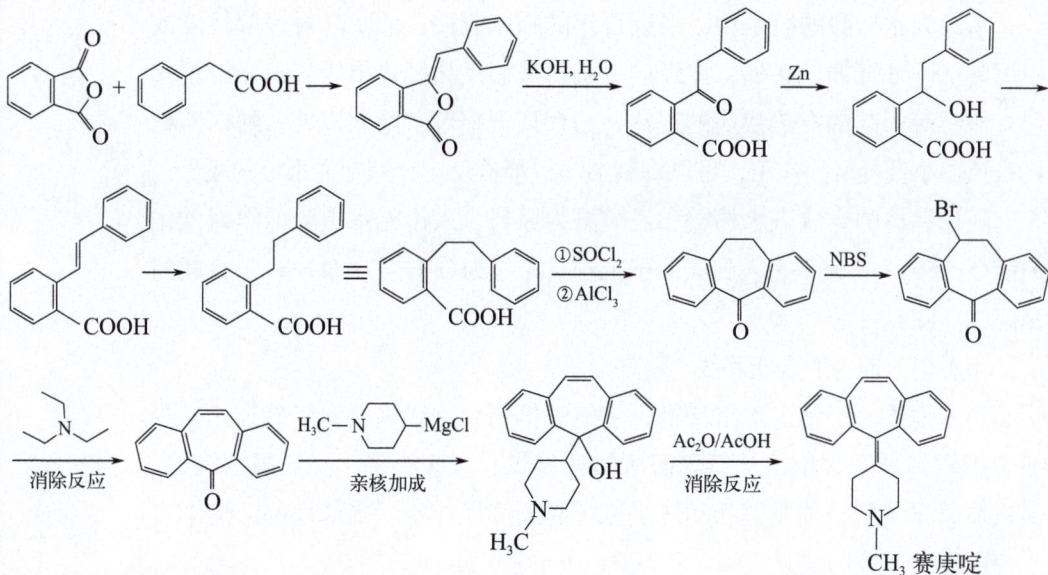

图1-30 抗过敏药物赛庚啶的合成路线

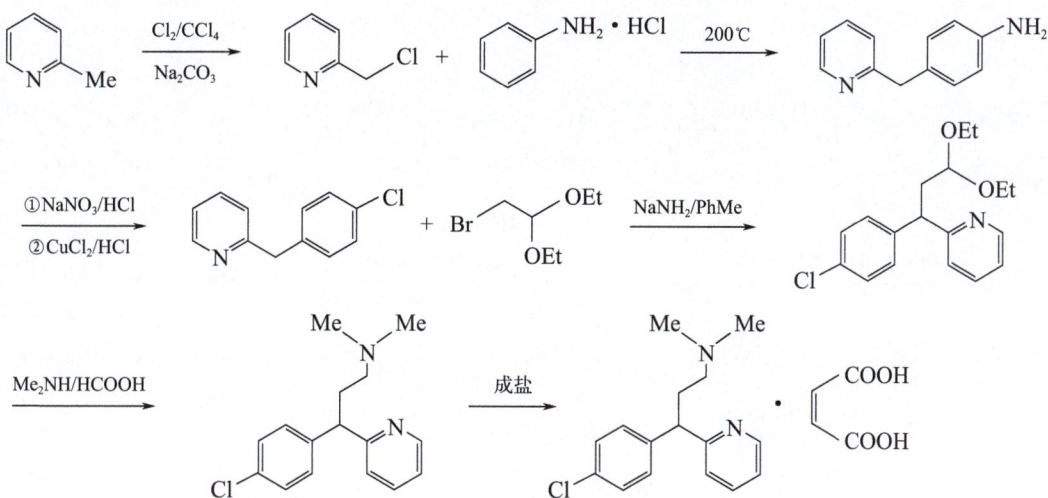

图1-31 马来酸氯苯那敏的合成路线

（4）解热镇痛药布洛芬的合成路线

布洛芬属于非甾体抗炎药，它的抗炎效果和解热镇痛效果都比较突出，其不良反应比较小，在临床上得到了广泛的应用。布洛芬的合成以4-异丁基苯乙酮为起始原料，醇钠作用下与氯乙酸乙酯发生Darzens缩合反应，碱性条件下水解、脱羧再进一步被氧化得到醛中间体，强氧化剂AgO_2-CuO将醛氧化为羧酸即得到目标产物布洛芬（图1-32）。

（5）阿司匹林的合成路线

本品为水杨酸的衍生物，经近百年的临床应用，证明其对缓解轻度或中度疼痛，如牙痛、头痛、神经痛、肌肉酸痛及痛经效果较好，亦用于感冒、流感等引起的发热疾病的退热，治疗风湿痛等。除此以外，阿司匹林具有抗血小板凝聚的作用，可以抑制血小板释放反应，抑制血小板的凝聚。

阿司匹林的合成以水杨酸和乙酸酐为原料，采用无水碳酸钠作为催化剂经O-酰化（将酰基引入到氧原子上的反应称为O-酰化）反应一步合成阿司匹林（图1-33）。

（6）硝苯地平的合成路线

硝苯地平属于钙通道阻滞剂，它能够抑制细胞膜内钙离子储存，减少细胞膜内钙离子数量，从而降低机体耗氧量、减缓心率、降低周围阻力、促进血管平滑肌松弛及冠状动脉扩张，起到降压作用。硝苯地平结构中含

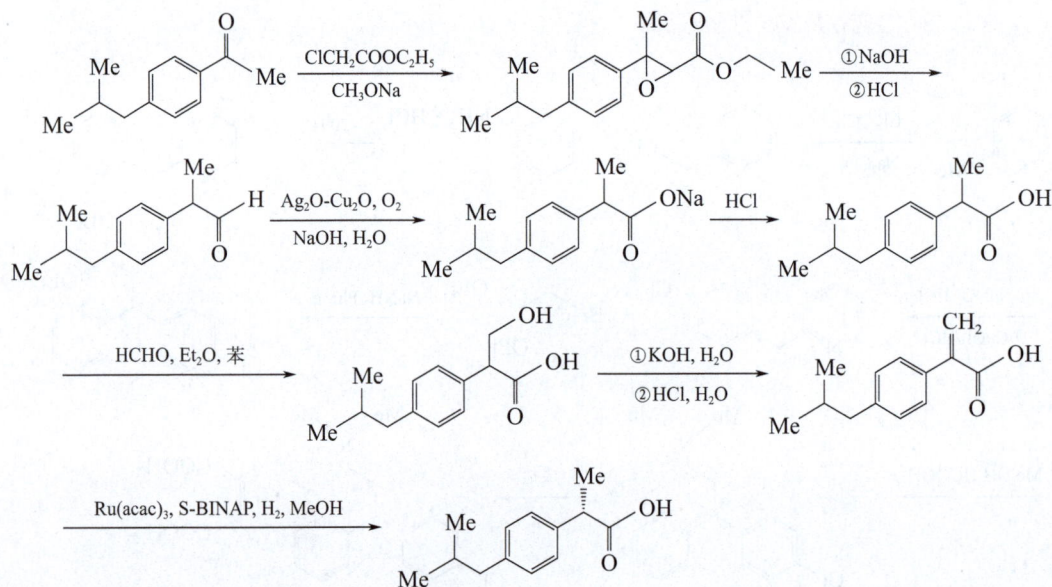

图1-32　解热镇痛药布洛芬的合成路线

有一个对称的二氢吡啶环。它可以邻硝基苯甲醛为原料与乙酰乙酸甲酯和过量的氨水在甲醇中回流得到（图1-34）。

（7）吲哚美辛的合成路线

吲哚美辛解热、缓解炎性疼痛作用明显，故可用于治疗急、慢性风湿性关节炎、痛风性关节炎及癌性疼痛；也可用于治疗滑囊炎、腱鞘炎及关节囊炎等；能抗血小板聚集，故可防止血栓形成，但疗效不如乙酰水杨酸；用于对巴特（Bartter）综合征的对症疗效；对胆绞痛、输尿管结石引起的绞痛有效；对偏头痛也有一定疗效，也可用于月经痛。吲哚美辛的化学结构并不复杂，合成路线也较为成熟。通常首先从廉价易得的对茴香胺（对甲氧基苯胺）出发，重氮化反应后被亚硫酸钠还原为偶氮化合物，随后被进一步还原为肼；选择性酰化后在碱性条件下脱去磺酸钠，最后通过经典的Fischer吲哚合成法即可得到吲哚美辛（图1-35）。

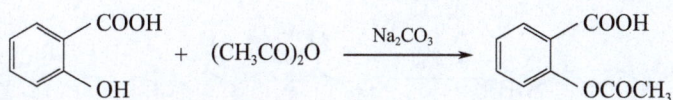

图1-33 阿司匹林的合成路线

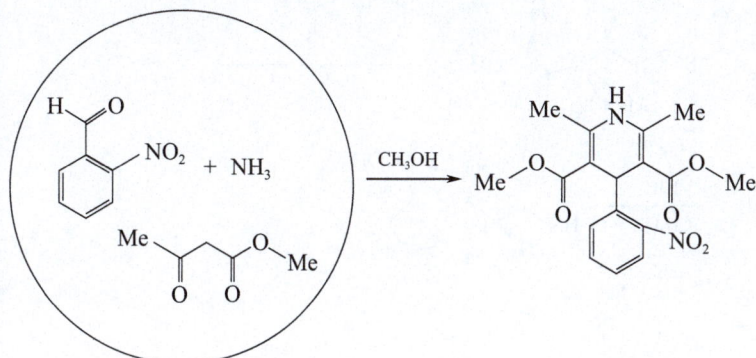

图1-34 硝苯地平的合成路线

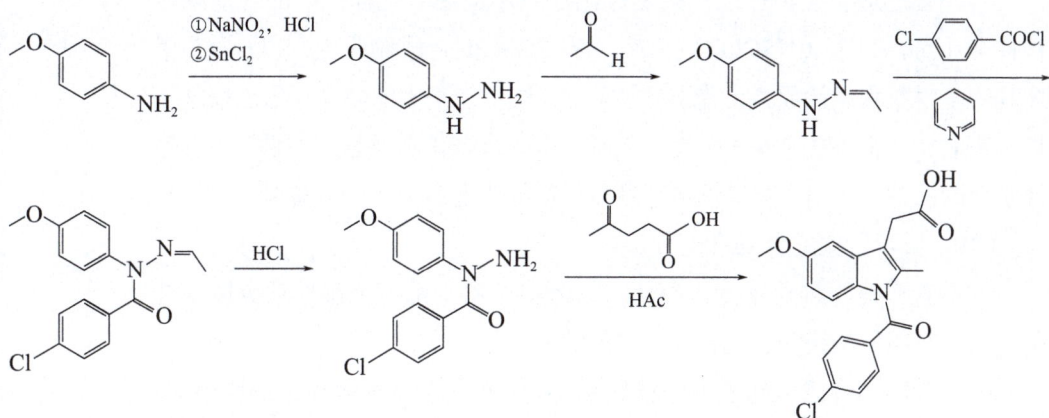

图1-35 吲哚美辛的合成路线

（8）卡托普利的合成路线

本品是血管紧张素转化酶抑制剂的代表药物，具有舒张外周血管、降低醛固酮分泌、影响钠离子的重吸收、降低血容量的作用。本品的合成涉及手性分子。2-甲基丙烯酸和硫代乙酸加成，得到外消旋2-甲基3-乙酰巯基丙酸，该酸经氯化反应转化为酰氯后与L-脯氨酸反应生成（R,S/S,S）-外消旋的乙酰卡托普利，加入二环己基胺成盐，因其在硫酸钾溶液中的溶解度不同而分离，得到（S,S）-乙酰卡托普利。碱水解除去保护基（乙酰基）得到卡托普利（图1-36）。

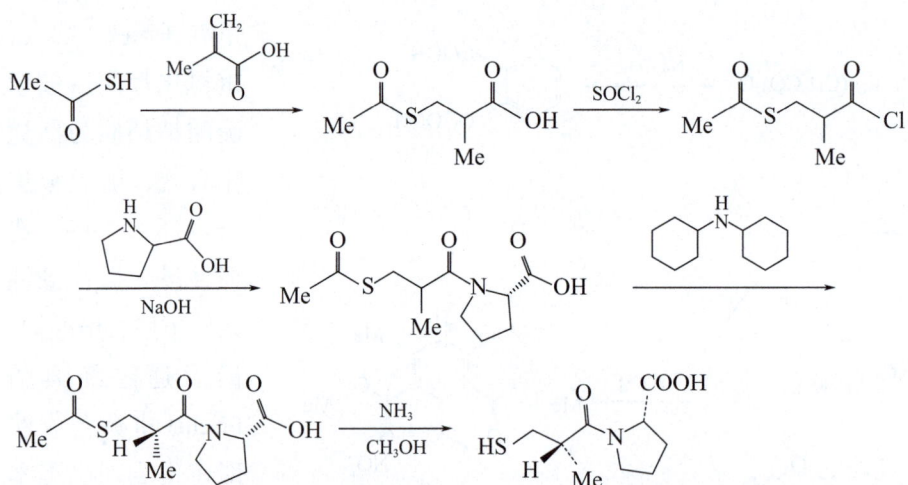

图1-36　卡托普利的合成路线

（9）吉非替尼的合成路线

吉非替尼适用于治疗以往接受过化疗或不适用于化疗的局部晚期或转移性非小细胞肺癌（NSCLC）患者。吉非替尼的合成路线为：以6,7-二甲氧基喹唑啉酮为起始原料，先选择性脱去7位甲氧基上的甲基，用乙酰基保护羟基后，再把1位的羰基卤代，水解，引入卤代的芳香胺，再脱去6位酚羟基上的保护基，引入烷基侧链得到最终产物吉非替尼（图1-37）。

（10）吡罗昔康的合成路线

吡罗昔康是一种非甾体抗炎药，临床主要用于治疗风湿性及类风湿性关节炎，有明显的镇痛、抗炎及一定的消肿作用。

吡罗昔康的合成以邻苯甲酰磺酰亚胺钠为原料，在氢氧化钠的作用下，与氯乙酸乙酯发生烷基化反应，引入乙氧羰甲基侧链，生成1,1-二氧化苯并

生活中的有机化学　SHENGHUOZHONGDE YOUJIHUAXUE

[d]异噻唑-3（2H）-酮-2-乙酸乙酯；进一步在有机碱乙醇钠作用下发生分子内扩环重排生成1,1-二氧化-4-羟基苯并[e]2H-1,2-噻嗪-3-乙酸乙酯；然后在氢氧化钠存在下与硫酸二甲酯反应，在噻嗪环氮原子上引入甲基；最后与2-氨基吡啶发生酯的氨解得到吡罗昔康（图1-38）。

（11）酮洛芬的合成路线

酮洛芬的消炎作用较布洛芬强，不良反应小，毒性低，口服易自胃肠

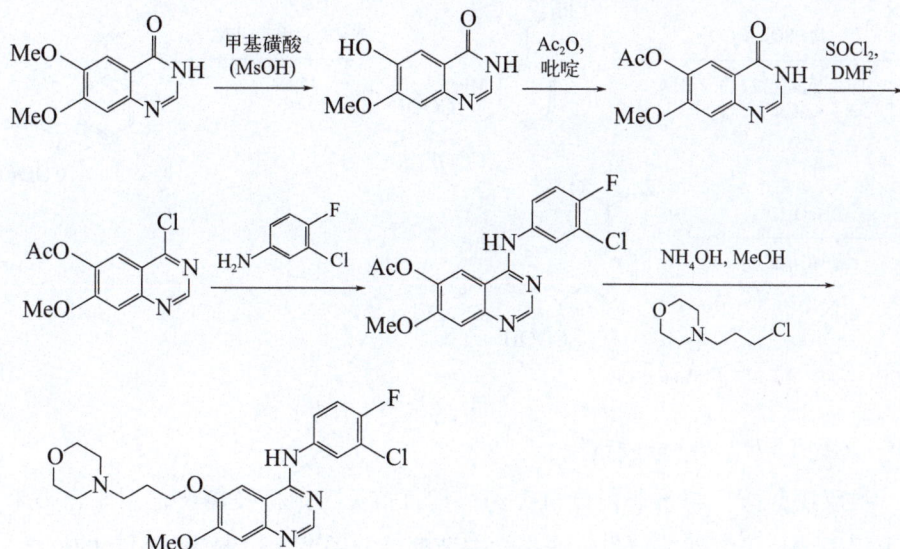

图1-37　吉非替尼的合成路线

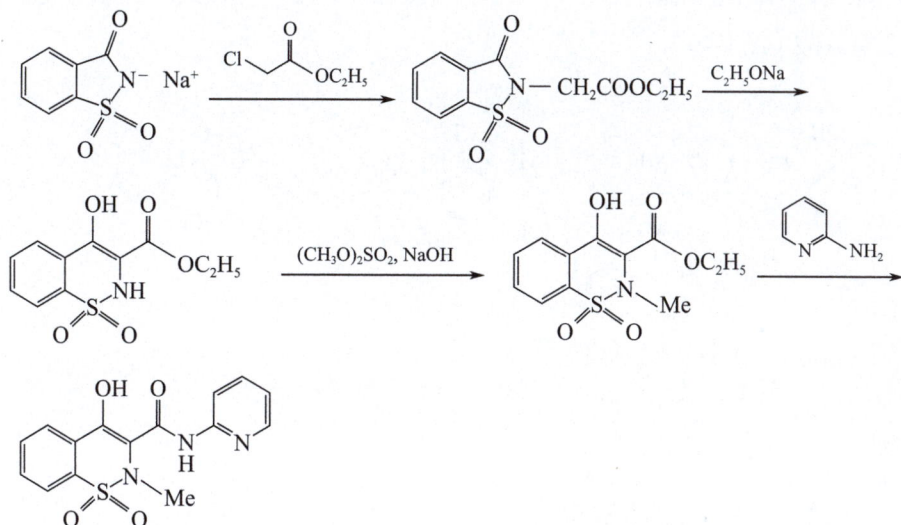

图1-38　吡罗昔康的合成路线

道吸收。用于治疗类风湿性关节炎、风湿性关节炎、骨关节炎、强直性脊柱炎及痛风等。合成路线见图1-39。

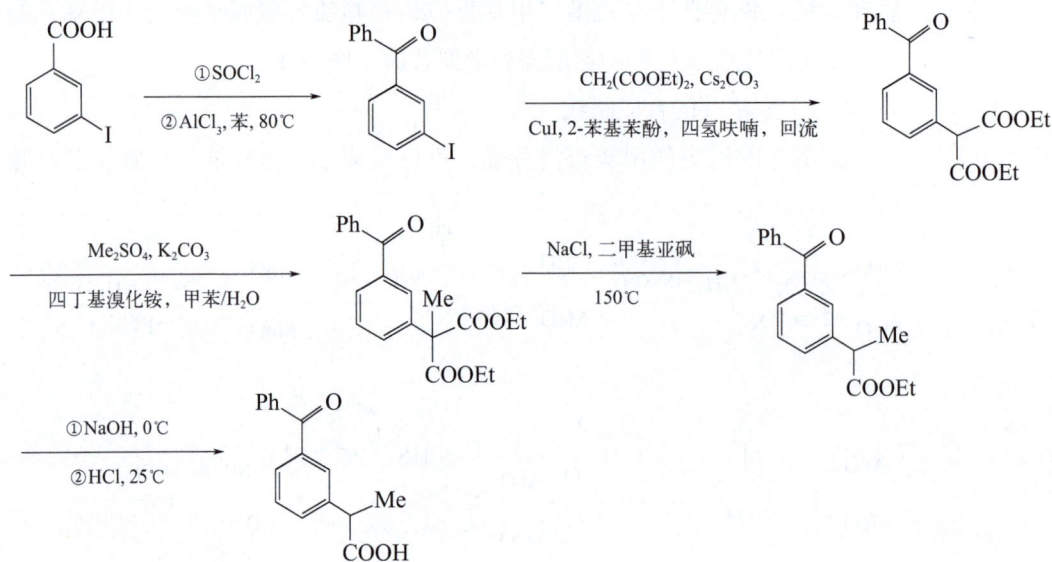

图1-39 酮洛芬的合成路线

（12）双氯芬酸合成路线

双氯芬酸，属于非甾体抗炎药，具有抗炎、镇痛及解热作用。它临床上用于治疗风湿性关节炎、非炎性关节痛、非关节性风湿病等引起的疼痛，各种神经痛，癌症疼痛，创伤后疼痛及各种炎症所致发热。以2,6-二氯苯酚为原料，首先与苯胺缩合，再进一步与氯乙酰氯缩合，最终经过水解得到双氯芬酸（图1-40）。

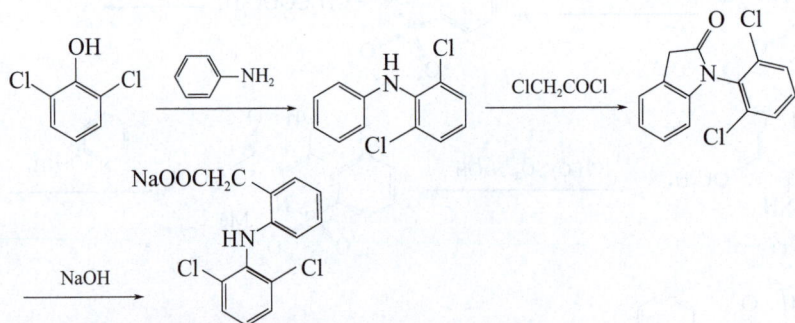

图1-40 双氯芬酸合成路线

（13）塞来昔布的合成路线

塞来昔布是一种新型抗炎药，用于治疗类风湿性关节炎和骨关节炎，可特异性作用于COX-2，被称为超级阿司匹林。合成路线见图1-41。

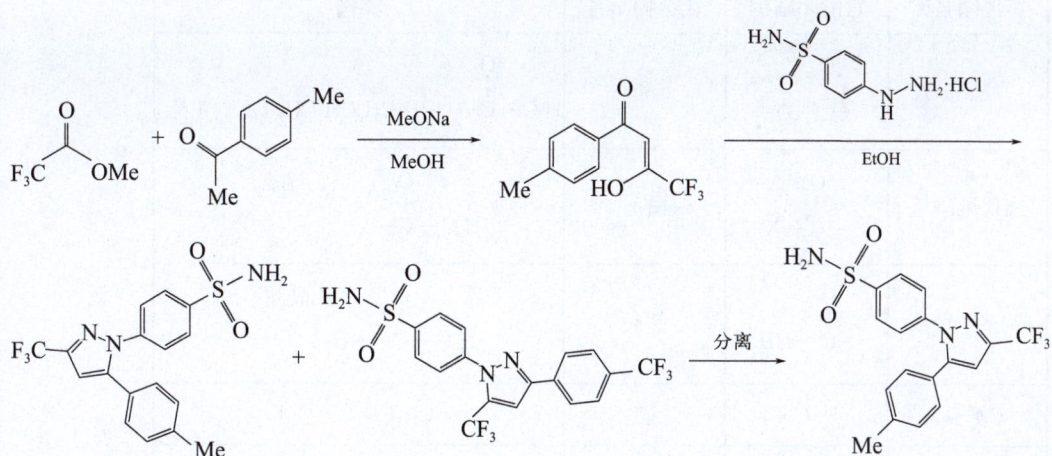

图1-41 塞来昔布的合成路线

1.4 常见有机物中的官能团及常见有机物（基团）的缩写

常见有机物中的官能团见表1-2，常见有机物（基团）的缩写，如表1-3所示。

表1-2 常见有机物中的官能团

官能团名称	官能团结构	化合物命名	实例
卤素原子	—X（F,Cl,Br,I）	卤代烃	CH_3CH_2Br（溴乙烷）
羟基	—OH	醇、酚	CH_3OH（甲醇）　 (苯酚)
醛基	$-\overset{O}{\overset{\|\|}{C}}-H$	醛	$H_3C-\overset{O}{\overset{\|\|}{C}}-H$（乙醛）
羧基	$-\overset{O}{\overset{\|\|}{C}}-OH$	羧酸	CH_3COOH（乙酸）
磺基	$-SO_3H$	磺酸	—SO_3H（苯磺酸）

官能团名称	官能团结构	化合物命名	实例
酯基	$\overset{O}{\underset{\parallel}{-C-O-}}$	酯	$\underset{O}{\overset{\parallel}{H_3C-C}}-OCH_2CH_2CH_2CH_3$（乙酸丁酯）
卤代甲酰基	$\overset{O}{\underset{\parallel}{-C-X}}$	酰卤	$\underset{O}{\overset{\parallel}{H_3C-C}}-Cl$（乙酰氯）
氨基甲酰基	$\overset{O}{\underset{\parallel}{-C-NH_2}}$	酰胺	$\underset{O}{\overset{\parallel}{H_3C-C}}-NH_2$（乙酰胺）
氰基	$-CN$	腈	CH_3CN（乙腈）
羰基	$\diagup C=O$	酮	$\underset{O}{\overset{}{H_3C-C-CH_3}}$（丙酮）
巯基	$-SH$	硫醇、硫酚	CH_3CH_2SH（乙硫醇） ⬡$-SH$（苯硫酚）
过羟基	$-O-O-H$	氢过氧化物	⬡$\underset{CH_3}{\overset{CH_3}{-C}}-OOH$（过氧化氢异丙苯）
氨基	$-NH_2$	胺	CH_3NH_2（甲胺）
烷氧基	$-OR$	醚	CH_3OCH_3（甲醚）
硝基	$-NO_2$	硝基化合物	CH_3NO_2（硝基甲烷）

表1-3　常见有机物（基团）的缩写

缩写	有机物（基团）
AIBN	2,2'-偶氮二异丁腈
CDI	羰基二咪唑
COd	1,5-环辛二烯
DIAD	偶氮二羧酸二异丙酯
DEAD	偶氮二羧酸二乙酯
DMAP	4-二甲氨基吡啶

缩写	有机物（基团）
DTBP	2,6-二叔丁基吡啶
m-CPBA	间氯过氧苯甲酸
TBHP	叔丁基过氧化氢
TBPB	过氧化苯甲酸叔丁酯
TBAB	溴化四(正)丁基铵
TEMED	*N,N,N',N'*-四甲基乙二胺
DIPA	二异丙胺
DIPEA	*N,N*-二异丙基乙胺
DMEDA	*N,N'*-二甲基乙二胺
DMA	*N,N*-二甲基乙酰胺
DME	1,2-二甲氧基乙烷
DCE	1,1-二氯乙烷
Py	吡啶
PhMe	甲苯
TEA	三乙胺
TFA	三氟乙酸
DHP	3,4-二氢吡喃
EDCI	1-(3-二甲氨基丙基)-3-乙基碳二亚胺盐酸盐
NBS	*N*-溴代丁二酰亚胺
DBU	1,8-二氮杂双环(5.4.0)十一-7-烯
DDQ	2,3-二氯-5,6-二氰基-1,4-苯醌
DCC	二环己基碳二亚胺
TPP	磷酸三苯酯
Ac	乙酰基
Pr	丙基
Bu或*n*-Bu	丁基
Ph	苯基

缩写	有机物（基团）
Ar	芳基
Tr	三苯甲基
TMS	三甲基硅基
Cp	环戊二烯基
Bz	苯甲酰基
Bn	苄基
Cbz	苄氧羰基
Piv	新戊酰基
Boc	叔丁氧基羰基
Tol	对甲苯基
PMP	对甲氧基苯基
MOM	甲氧基甲基
Ts	对甲苯磺酰基
THP	四氢吡喃基

实际上，不同的取代基往往有不同的电子效应。其中，重要的表现就是由于各类取代基的存在，不同有机物的化学性质有显著差别。当我们讨论一个取代基的电子效应时，一般从以下几个角度去分析：取代基的诱导效应、共轭效应（包括超共轭效应）、场效应。

诱导效应是指由于成键原子的电负性（某种元素的原子吸引电子的能力的标度）不同而引起的有机分子中电子云的转移，它的特点是影响有机分子的局部电子分布、极性和化学性质。它沿 σ 键传递，且随着链增长迅速减弱（超过3个键以后，诱导效应几乎不存在了）。诱导效应可以"I"表示，"+I"为给电子诱导效应，"–I"为吸电子诱导效应。在解释共轭效应之前，先说明什么是共轭体系。不饱和化合物中，有3个或3个以上互相平行的p轨道重叠形成大 π 键的体系叫共轭体系。共轭体系中，π 电子云扩展到整个体系，使体系能量降低、分子趋于稳定。共轭效应一般以"C"表示，"+C"为给电子共轭效应，"–C"为吸电子共轭效应。即使同一个基团，也会有两种效应，且它们可能是一致的，也可能是相反的（但以某一种效应为主），见图1-42和图1-43。

效应一致的吸电子基团（-C且-I）：—NO₂、—CN、—COOH、—CHO、—COR
效应一致的给电子基团（+C且+I）：—O⁻、—R（R为烷基）
效应相反（+C>-I）：—OH、—OR、—NH₂、—NHR等直接与芳环连接；当然，
　　　　　　　　　　前述基团若直接与烷基连接，就只存在-I
效应相反（+C<-I）：卤素原子（Cl、Br、I）与芳环连接

图1-42　常见基团的电子效应

以下各种醛发生亲核加成反应的活性由大到小排序

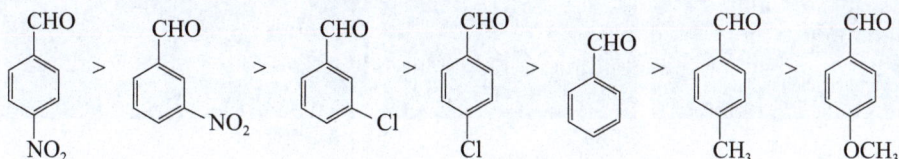

以下各种酚的酸性由大到小排序

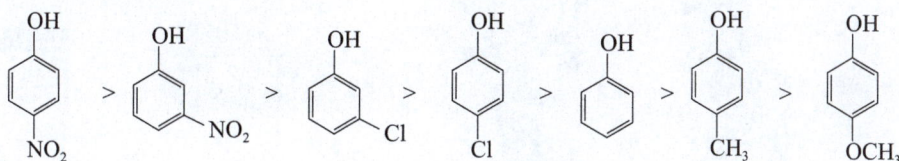

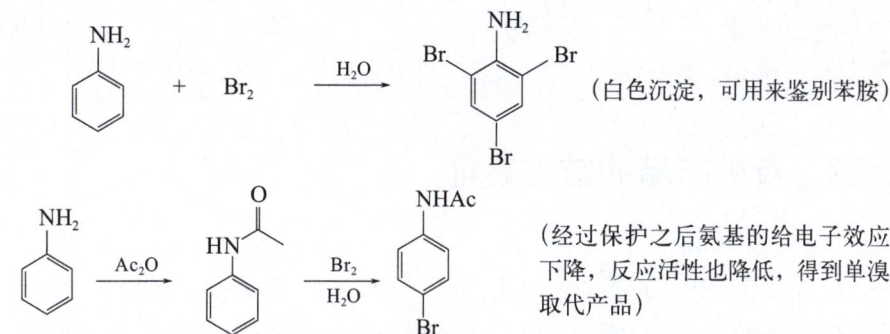

图1-43　电子效应对分子性质的影响举例

1.5 有机化学实验与有机产品的结构表征

1.5.1 有机化学实验

有机化学实验是有机化学的一个重要部分（图1-44）。进行有机化学实验的目的是培养学生良好的实验方法和习惯、严谨的科学态度、实事求是的科学素养；同时有机化学实验也能激发学生对科研的兴趣和对科学的钻研以及创新精神。

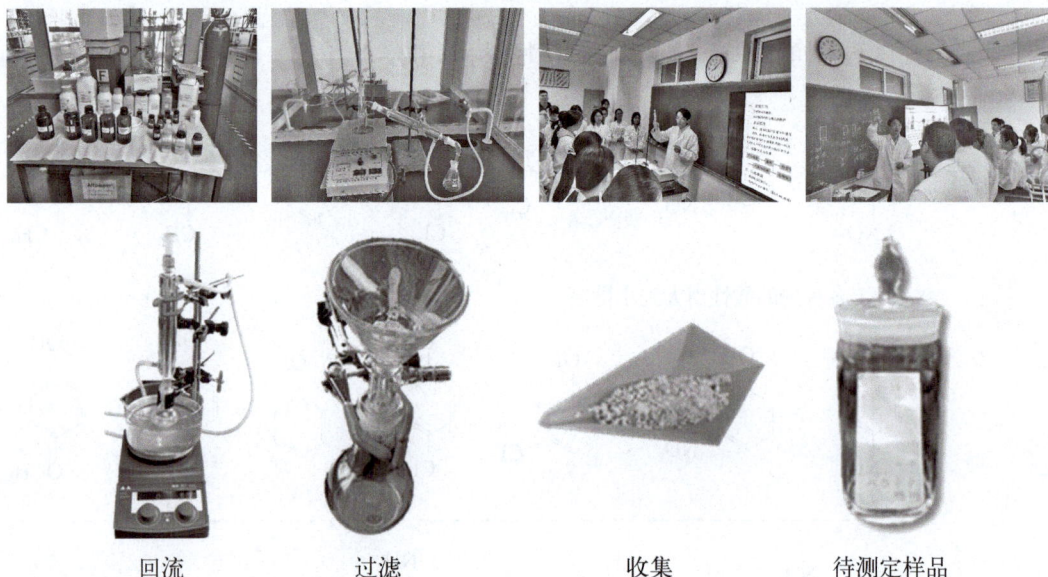

| 回流 | 过滤 | 收集 | 待测定样品 |

图1-44 有机化学实验室日常

1.5.2 有机产品的结构表征

（1）红外光谱

红外光谱（IR）产生的原因是分子或原子吸收特定波长的外来光后发生分子内能级跃迁，只有能引起分子偶极距变化的振动才能产生红外吸收。由于不同分子吸收特定辐射光的波长不同、能量不同，因此其跃迁的类型也不同（对于红外光谱，吸收 $1 \sim 100\mu m$ 波长光，产生分子振动能级跃迁）。

红外光谱（这里指中红外光谱，波数4000～400cm^{-1}）的主要功能是指认，而鉴定次之。对于一张红外光谱图，先看最大吸收峰在哪里，粗略判定是哪一类物质。具体波数（cm^{-1}）划分如下

3750～3100cm^{-1}：O—H、N—H伸缩振动，其中羟基的宽而强。

3300～3010cm^{-1}：不饱和C—H伸缩振动，包括芳环。

3000～2700cm^{-1}：饱和C—H伸缩振动，也包括醛基C—H（2700cm^{-1}左右）。

2400～2100cm^{-1}：多键的伸缩振动，包括三键和累积双键（其中氰基在2240cm^{-1}左右，尖强峰）。

1900～1550cm^{-1}：羰基出处，一般是最强峰。

1675～1500cm^{-1}：双键的伸缩振动。

1480～1300cm^{-1}：饱和C—H弯曲振动，特别是独立甲基在1380cm^{-1}处有一个峰，而偕二甲基结构在1385cm^{-1}和1370cm^{-1}两处有一对峰。

1000～650cm^{-1}：不饱和C—H弯曲振动（比如对于取代的苯环，用以明确是单取代还是二取代，两个取代基的位置关系是邻位、间位还是对位）。

一些特殊结构大致对应的波数位置总结如下（图1-45）。

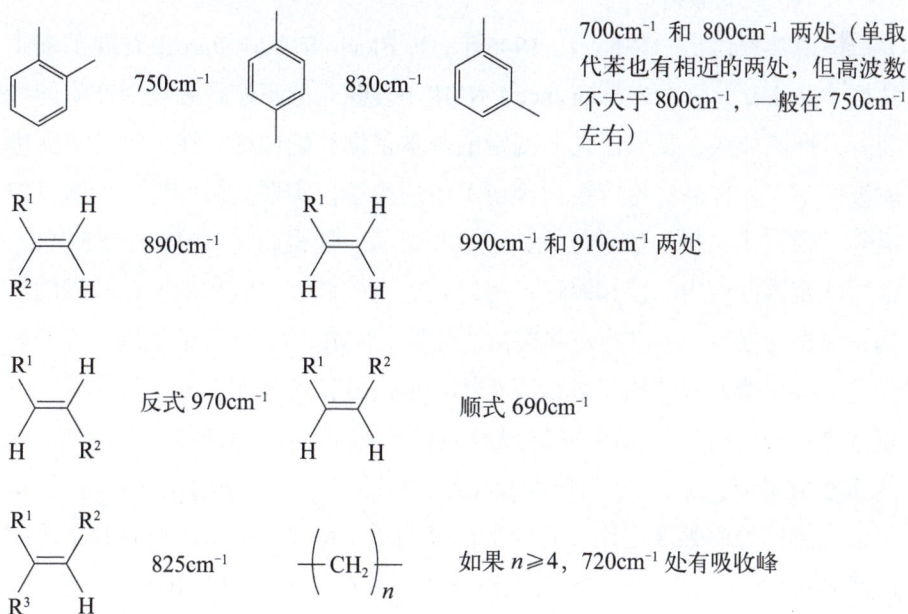

图1-45 特殊结构对应的波数位置

甲苯的红外光谱如图1-46所示。横坐标为吸收波长（μm）或吸收频率（波数cm^{-1}），纵坐标常用百分透过率T（%）表示。

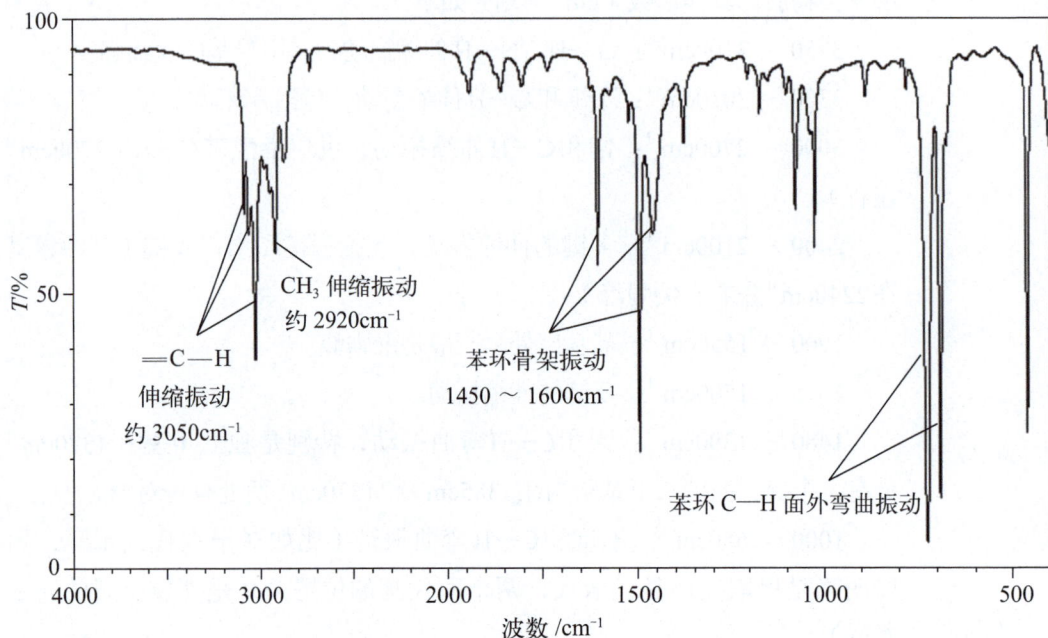

图中标注：
CH$_3$伸缩振动 约2920cm^{-1}
＝C—H 伸缩振动 约3050cm^{-1}
苯环骨架振动 1450～1600cm^{-1}
苯环 C—H 面外弯曲振动

图1-46　甲苯的红外光谱图

（2）核磁共振谱

核磁共振谱是一种能谱。1945年，F. Bloch和E. M. Purcell发现了核磁共振（nuclear magnetic resonance，NMR）现象。原子核在磁场中产生能量裂分，形成能级，是核磁共振测定的基本依据。确切说，在一定频率的电磁波照射下，样品（特定结构环境）中的原子核实现共振跃迁。光谱仪扫描并记录发生共振的信号位置、强度和形状，便得到待测样品的NMR谱。根据测定的图谱中峰位和峰形，可以判定有机分子中氢和碳所在基团的结构；根据峰强度，可以判定共振核的数目。NMR谱上信号的强度（峰的面积）与共振峰对应的质子数量成正比，通过各种类型质子的数量往往可以直接推测分子结构。氢谱中，一般实验条件下测定的峰的强度与该峰对应的质子数量成正比，不受任何其他因素的影响，与质子的化学环境无关。氢谱上各信号峰强度之比，应等于相应的质子数之比。常用核磁共振仪的磁场强度为1.4～16.3T，照射电磁波频率为60MHz至700MHz。一些有机物分子的核磁共振氢谱如图1-47所示，碳谱如图1-48所示。

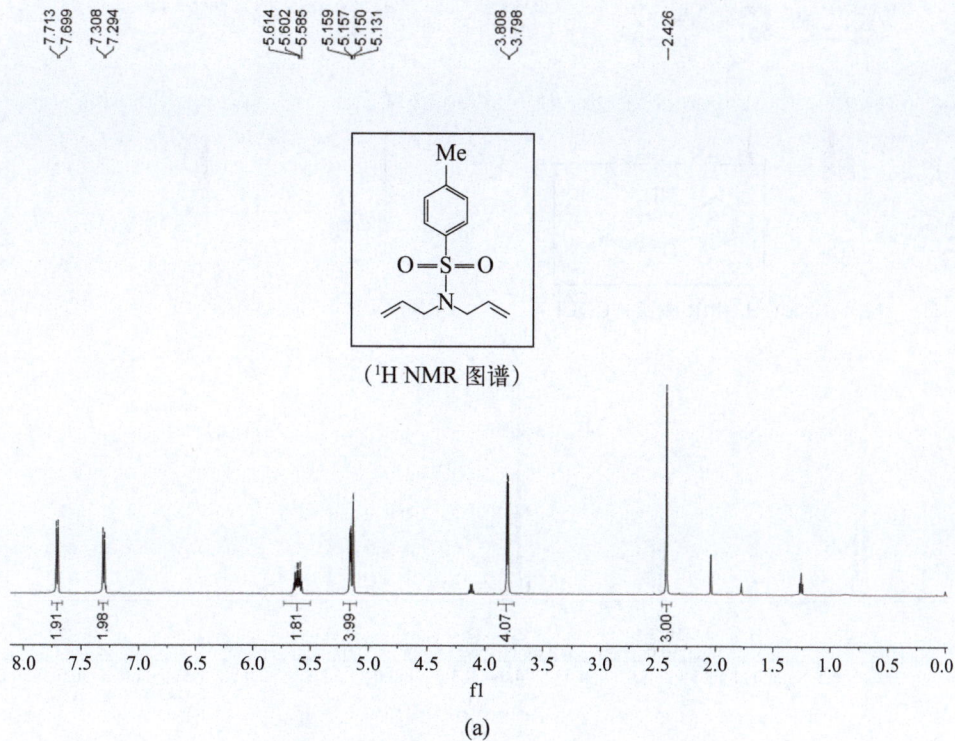

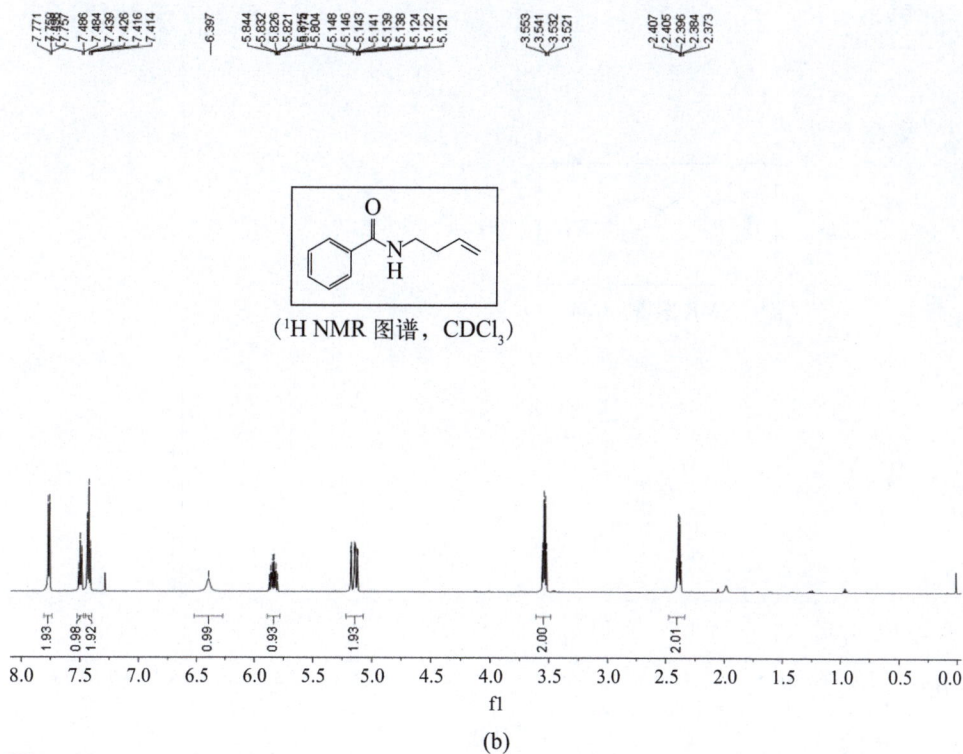

7.713, 7.699, 7.308, 7.294 5.614, 5.602, 5.585 5.159, 5.150, 5.131 3.808, 3.798 2.426

(^{1}H NMR 图谱)

1.91 1.98   1.81 3.99   4.07   3.00

8.0 7.5 7.0 6.5 6.0 5.5 5.0 4.5 4.0 3.5 3.0 2.5 2.0 1.5 1.0 0.5 0.0

f1

(a)

7.771, 7.757, 7.486, 7.484, 7.439, 7.426, 7.416, 7.414 6.397 5.844, 5.832, 5.826, 5.821, 5.804, 5.146, 5.141, 5.138, 5.124, 5.122, 5.121 3.553, 3.541, 3.532, 3.521 2.407, 2.405, 2.396, 2.384, 2.373

(^{1}H NMR 图谱，CDCl$_3$)

1.93 0.98 1.92   0.99   0.93   1.93   2.00   2.01

8.0 7.5 7.0 6.5 6.0 5.5 5.0 4.5 4.0 3.5 3.0 2.5 2.0 1.5 1.0 0.5 0.0

f1

(b)

图1-47

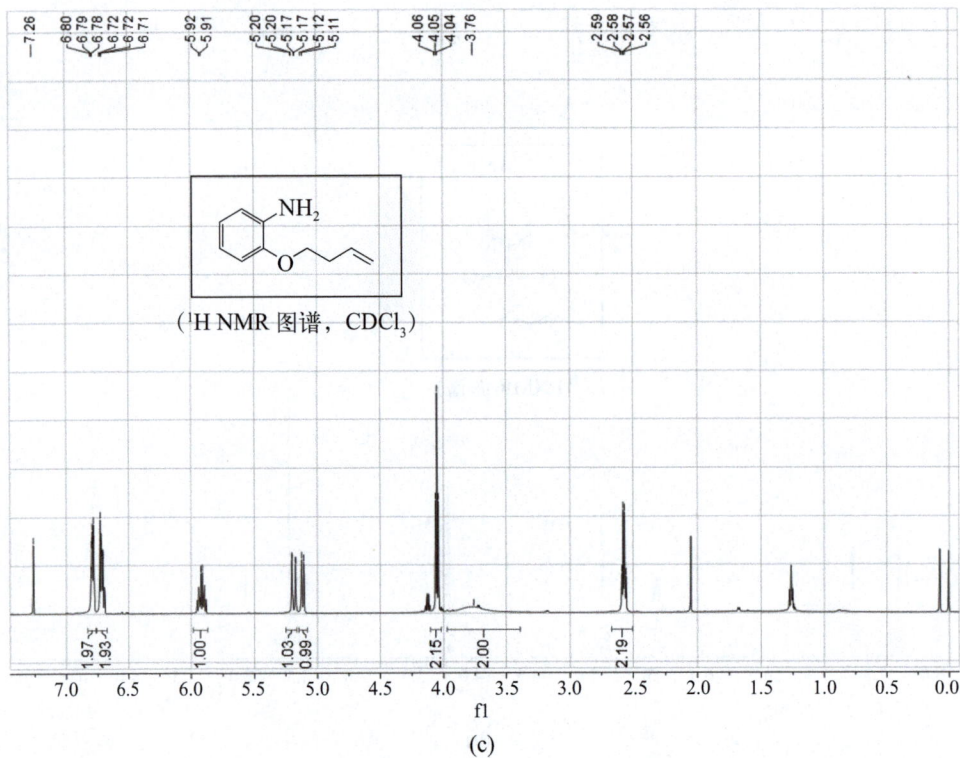

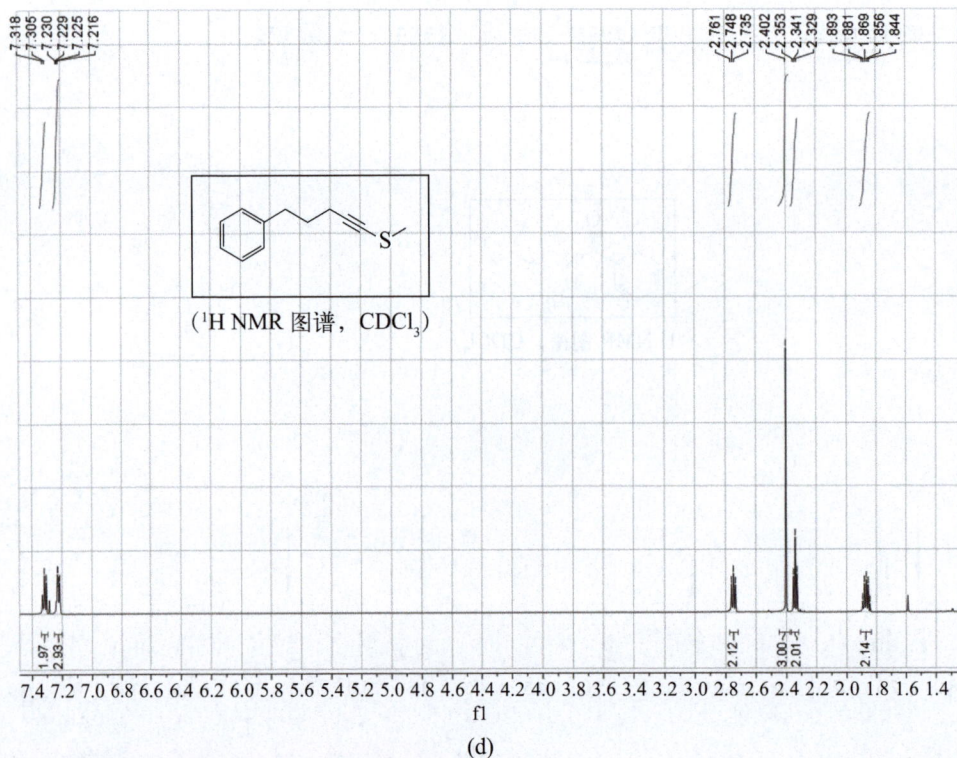

图1-47 一些有机物分子的核磁共振氢谱

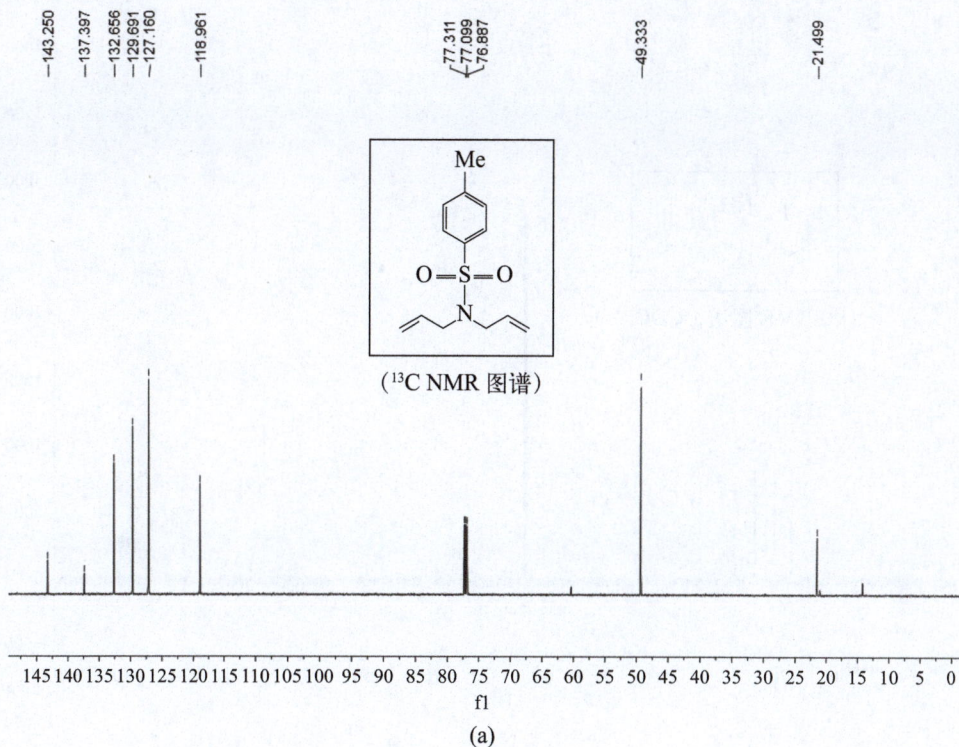

(a)

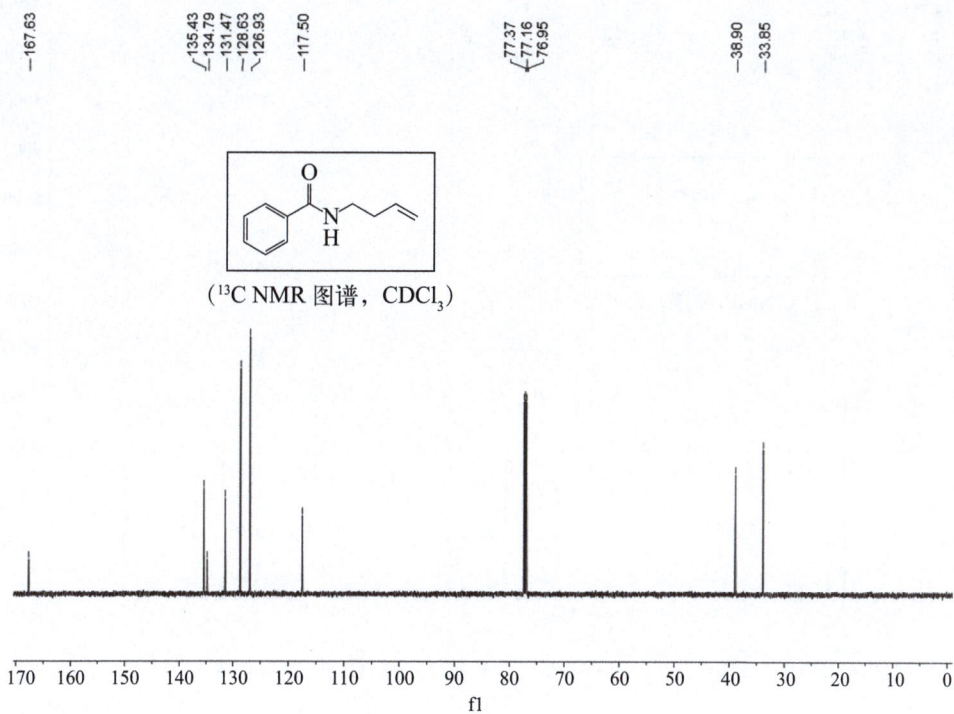

(b)

图1-48

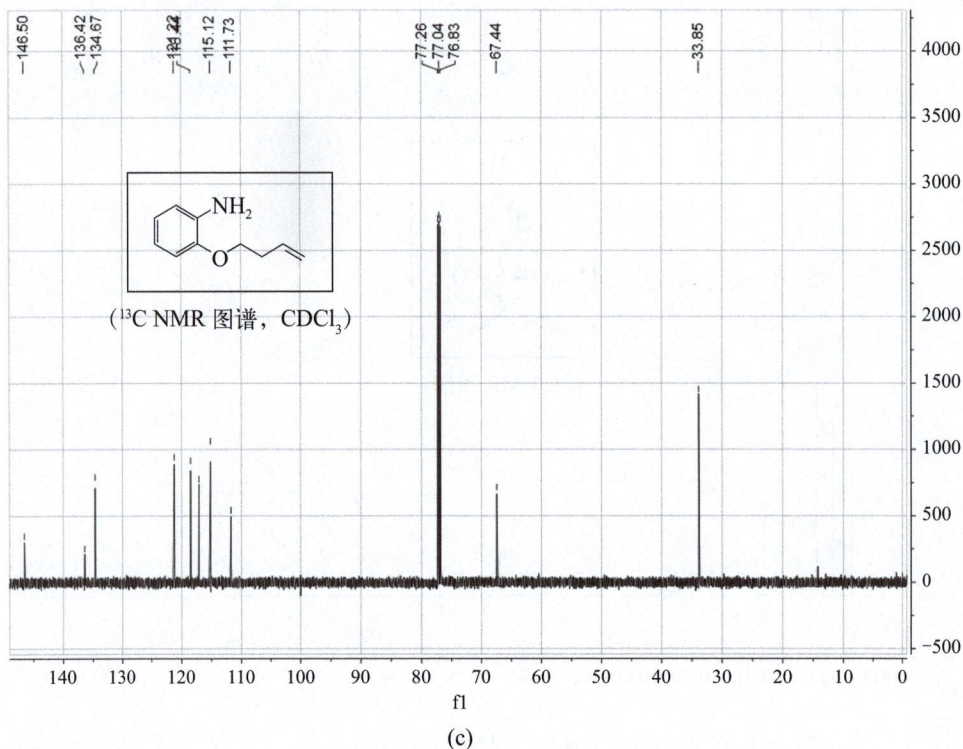

(c)

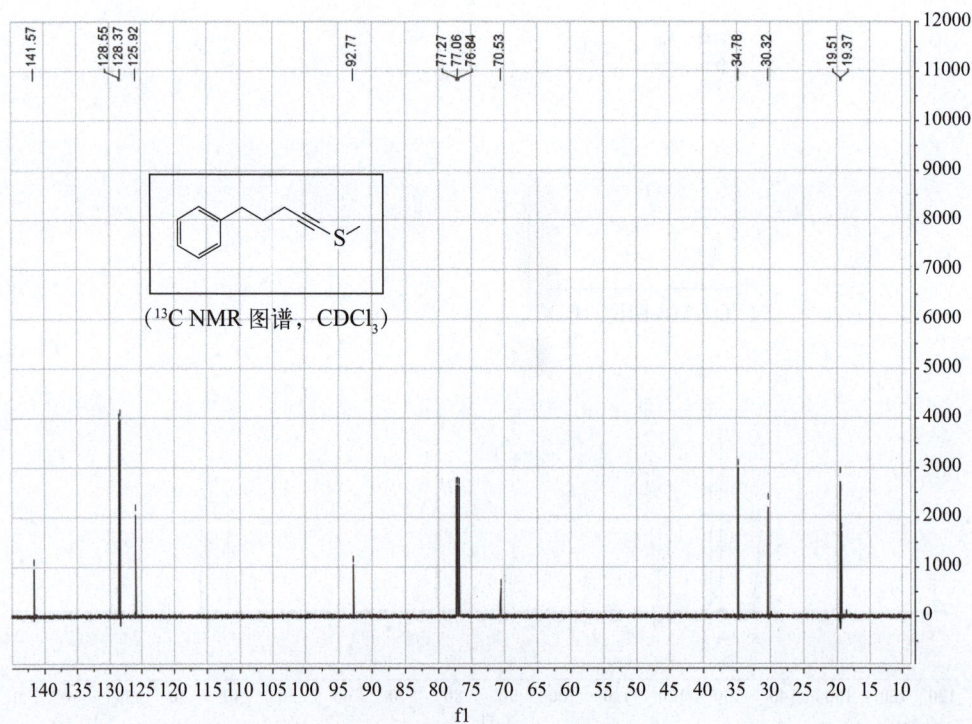

(d)

图1-48　一些有机物分子的核磁共振碳谱

生活中的　SHENGHUOZHONGDE
有机化学　YOUJIHUAXUE

（3）其他

质谱（mass spectrum）是用来测定未知有机分子的分子量或者进一步确认已知结构分子的准确分子量的。一般方法是将分子离解为不同质量带电荷的离子，将这些离子加速引入磁场，由于离子的质量与电荷比（质荷比，m/z）不同，在磁场中运行轨道不同，从而可将这些离子分离开来。X射线单晶衍射仪可以用来分析有机分子的晶体。对衍射线的分析可以解析出原子在晶体中的排列规律，即解出晶体的结构，对这种测试不详细论述。

第2章

食品中的
有机化学

"民以食为天"，食物是人类生存的基本必需品。食品是指经过加工制作可以供人食用的物质。食品对人体的作用主要有两大方面，即营养功能和感官功能。食品的发展有着悠久的历史、丰富的内涵，深深植根于人们的日常生活中（图2-1）。

随着经济持续快速发展，人们的消费观念由数量型转变为质量型，对食品也提出了更高要求。我们也需要对食品有更深层的认识，从健康、卫生、营养、科学等角度注重饮食，从化学的视角出发更好地认识生活中的食品。

图2-1　现代食品

2.1　走近食品

2.1.1　什么是食品

《中华人民共和国食品安全法》第一百五十条对"食品"的定义为"各种供人食用或者饮用的成品和原料以及按照传统既是食品又是中药材的物品，但是不包括以治疗为目的的物品。"

近年来，随着科学的发展，一些新概念的食品，如无公害食品、绿色食品、有机食品、转基因食品、辐照食品、健康食品不断出现。

（1）无公害食品

所谓无公害食品，指的是无污染、无毒害、安全优质的食品，在国外称无污染食品、生态食品、自然食品。在我国，无公害食品生产地环境清洁，按规定的技术操作规程生产，将有害物质控制在规定的标准内，并通过部门授权审定批准，可以使用无公害农产品标志。无公害食品的生产过程中允许限量、限品种、限时间使用人工合成的、安全的化学农药、兽药、渔药、肥料、饲料添加剂等。无公害农产品生产过程中允许使用农药和化肥，但不能使用国家禁止使用的高毒、高残留农药。

（2）绿色食品

绿色食品是我国对无污染、安全优质食品的总称，是指产自优良生态环境、按照绿色食品标准生产、施行土地到餐桌全程质量控制、按照《绿色食品标志管理办法》规定的程序获得绿色食品标志使用权安全优质的食用农产品及相关产品。

我国绿色食品发展中心将绿色食品定为A级和AA级两个标准。A级允许限量使用限定的化学合成物质，而AA级则禁止使用，除这两个级别的标识外，其他均为冒牌货。A级绿色食品的标志与标准字体为白色，底色为绿色，防伪标签底色也是绿色，标志编号以单数结尾；AA级使用的标志与标准字体为绿色，底色为白色，防伪标签底色为蓝色，标志编号的结尾是双数（图2-2）。

（3）有机食品

有机食品（图2-3）是指按照有机农业生产标准，禁止使用化学合成物质和转基因技术，通过认证的天然无污染食品，包括粮食、食用油、菌类、蔬菜、水果、干果、奶制品、禽畜产品、蜂蜜、水产品、调料等。

有机食品、绿色食品和无公害农产品是有区别的，有机食品是有机产品的一类，有机产品还包括棉、麻、竹、服装、化妆品、饲料（有机食品标准包括动物饲料）等非食品。绿色食品是指产自优良生态环境、按照绿色食品标准生产、施行全程质量控制并获得绿色食品标志使用权的安全优质的食用农产品及相关产品。绿色食品认证依据的是农业农村部绿色食品行业标准。绿色食品在生产过程中允许使用农药和化肥，但对用量和残留量的规定通常比无公害农产品标准要严格。

(a)　　　　　　　　　　(b)　　　　　　　　　　(c)

图2-2　食品标志：
无公害农产品（a）、A级绿色食品（b）、AA级绿色食品（c）

当代农产品生产需要由普通农产品发展到无公害农产品，再发展至绿色食品或有机食品，绿色食品是普通耕作方式生

图2-3　有机食品及其标志

产的农产品向有机食品过渡的一种食品形式。有机食品是食品行业的最高标准。

（4）转基因食品

转基因食品是指利用转基因生物技术获得转基因生物品系，并以该转基因生物为直接食品或为原料加工生产的食品。但凡是通过法律认可的转基因产品，都是经过系统、规范的食品安全检验的，对人体是安全的。我国转基因食品都需要添加标识，消费者可以自由选择对其消费与否。

从科学原理看，转基因是存在安全风险的，所以上市之前都要进行严格的安全评价。

（5）辐照食品

辐照是以辐射加工技术为基础，运用X射线、γ射线或高速电子束等电离辐射产生的高能射线对食品进行加工处理，达到杀菌、提高食品卫生质量、保持食品营养品质及风味、延长货架期的目的。辐照还能杀死食品中的昆虫以及它们的卵和幼虫，中国相关食品产量已占全球总量的三分之一。国家对食品辐照加工实行许可制度，经国家有关部门审核批准后发辐照食品品种批准文号，批准文号为"卫食辐字（xx）第xx号"。辐照食品在包装上必须贴有国家有关部门统一制定的辐照食品标志（图2-4）。

图2-4　辐照食品标志

经过四十余年的研究，现在约有36个国家的50多种辐照食品得到世界卫生组织的承认。世界卫生组织认定：辐照食品就像用巴氏杀菌法消毒的食物一样安全，并且有益健康。γ射线处理食品，就像烹饪、罐装或冷冻处理一样，这种变化是无害的，且它不会留下有害的物质。处理之后的辐照食品能立即食用，不会有放射性，也不会对身体有害。

2.1.2　营养素

营养（nutrition）是食物所含的养分，是生物从外界摄取，以维持其生命、滋补身体的养料。食物中可以被人体吸收利用的物质叫作营养素。营养素主要包含糖类、脂类、蛋白质、维生素、矿物质等，前三者在体内代谢后产生能量，故又称为产能营养素。

2.1.2.1　糖类

糖类（saccharide）又称碳水化合物（carbohydrate），是多羟基醛、多羟基酮及其聚合物和某些衍生物的总称，一般由碳、氢与氧三种元素组成。早期研究糖类的科学家们发现许多糖类物质的分子式可写成$C_n(H_2O)_m$的形式，故称其为"碳水化合物"。但是后来的研究证明了：许多糖类物质的分子式并不合乎上述形式，如鼠李糖（$C_6H_{12}O_5$）；而有些物质符合上述分子式但不是糖类，如甲醛（CH_2O）等。所以，1927年，国际化学名词重审委员会建议使用"糖类"这个名称。

糖类物质是人体重要的能源和碳源，对人体正常生长发育起着重要作用。可被人体摄入和利用的糖类物质包括葡萄糖、果糖、乳糖、淀粉、纤维素等。糖分解时能供给人体生命活动所需要的能量。食物中的糖类分成两类：一类是人类能够消化、吸收的供能型碳水化合物，如葡萄糖、果糖、乳糖、淀粉等，应适量摄取，不宜过量，尤其是糖尿病患者应少吃火龙果、葡萄、樱桃、芒果、荔枝等果糖含量高的食物；另一类是人类不能消化、吸收但有助于人类健康的碳水化合物，如膳食纤维，可以帮助消化、预防便秘、痔疮和直肠癌，降低胆固醇，预防和治疗糖尿病等。膳食纤维在果蔬和粗粮中含量较高。

糖类也可以按照水解程度分为单糖、低聚糖和多糖。不能水解的多羟基醛、酮称为单糖，例如葡萄糖、果糖；能水解为几分子单糖的为低聚糖，例如蔗糖、麦芽糖和乳糖；能水解为几百甚至数千分子单糖的为多糖，例如淀粉、纤维素。

淀粉为人体供能的过程是：首先在唾液淀粉酶作用下分解为麦芽糖和糊精；然后在小肠中的多种酶的作用下继续分解为葡萄糖（图2-5）。

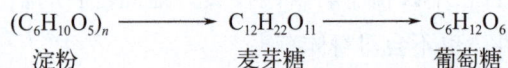

$$(C_6H_{10}O_5)_n \longrightarrow C_{12}H_{22}O_{11} \longrightarrow C_6H_{12}O_6$$

淀粉　　　　　　　麦芽糖　　　　　　葡萄糖

图2-5　淀粉在胃中的水解过程

这些葡萄糖被吸收进入血液，成为血糖，其浓度受激素胰岛素的调节和控制。如果血糖过高，单糖将在肝中转化为肝糖原。如果血糖太低，则肝中贮藏的糖原被水解，从而提高血糖水平。

2.1.2.2　脂类

脂类是人体必需的重要营养素之一，提供机体所需的脂肪酸。人体细胞组织的组成成分中也含有脂类。人体每天需摄取一定量的脂类物质，但摄入过多可导致高血脂、动脉粥样硬化等疾病。

脂类不溶于水而能被乙醚、氯仿、苯等非极性有机溶剂溶解。脂类可以分为油脂和类脂。

脂类即甘油三酯，由一分子甘油和三分子脂肪酸组成（图2-6）。不含碳碳双键的脂肪酸是饱和脂肪酸，含碳碳双键的脂肪酸是不饱和脂肪酸。日常食用的动物油脂有猪油、牛油、羊油等，植物油脂有花生油、豆油、菜籽油、芝麻油、玉米油和精加工的色拉油等。生活中常将常温下为液态的脂类称为油，将常温下为固态的脂类称为脂。

类脂（lipid）包括磷脂（phospholipid）、糖脂（glycolipid）、胆固醇（cholesterol）和脂蛋白（lipoprotein）等。类脂，就是类似脂肪的意思，曾作为脂肪以外的溶于脂溶剂的天然化合物的总称。

脂肪的消化主要在肠道中进行，分解为甘油与脂肪酸。

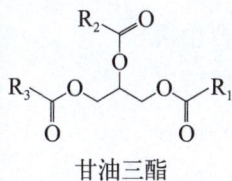

甘油三酯

2.1.2.3 蛋白质

1838年，荷兰化学家马尔德首先提出"蛋白质"一词。蛋白质（protein）的原意为第一顺位，意思是蛋白质是对人类最重要的物质。蛋白质是生命的物质基础，蛋白质作为构成细胞的基本有机大分子，是生命活动的主要承担者。蛋白质由C、H、O、N等元素组成，有些蛋白质可能还会含有P、S、Fe、Zn、Cu、B、Mn、I、Mo等元素。这些元素在蛋白质中的组成百分比为：碳50%、氢7%、氧23%、氮16%、硫0% ~ 3%等。

氨基酸是蛋白质的基本组成单位。蛋白质占人体总质量的16% ~ 20%，即一个体重60kg的成年人体内约有蛋白质9.6 ~ 12kg。人体内蛋白质的种类有很多，性质、功能各异，但都是由20多种氨基酸（amino acid）按不同比例组合而成的，并在体内不断进行代谢与更新。

含人体必需氨基酸种类齐全、数量充足、比例适当的蛋白质称为完全蛋白质，如奶、蛋、鱼、瘦肉等所含的蛋白质属于完全蛋白质，植物中的大豆亦含有完全蛋白质。含人体必需氨基酸种类不全、数量不充足、比例不适当的蛋白质称为不完全蛋白质，如谷、麦类、玉米和动物皮骨中的明胶等所含的蛋白质。

油

脂

图2-6
甘油三酯结构和
生活中常见油脂

在胃蛋白酶的作用下，蛋白质的水解从胃中开始，并且延续到小肠中。经胃加工后的蛋白质，经多种蛋白酶的作用最后分解为氨基酸，通过肠壁吸收。

蛋白质，尤其是动物蛋白摄入过多，对人体有害。正常情况下，人体不直接储存蛋白质，过多的蛋白质会脱氨分解为尿素等含氮废物，并随尿液排出体外，这一过程需要肾脏参与，从而加重了其代谢负担。

蛋白质缺乏在成人和儿童中都有发生，但处于生长阶段的儿童对此更为敏感。蛋白质缺乏常见症状是代谢率下降、对疾病抵抗力减退、易患病，远期效果是对器官的损害。儿童常见的症状是生长发育迟缓、体重下降、淡漠、易被激怒、贫血以及干瘦型营养不良或水肿，并因为易感染而引起其他疾病。

2.1.2.4 维生素

维生素是一系列有机化合物的统称，是生物体所需要的微量营养成分。一些维生素人体无法由自身产生，需要通过饮食等手段获得，其需要量很少，但对维持健康十分重要。维生素不能像糖类、蛋白质及脂肪那样可以产生能量、组成细胞，但是它们对生物体的新陈代谢起调节作用。长期缺乏任何维生素都会导致某种营养不良而引起疾病。

知识拓展

缺乏各种维生素的表现

维生素A：夜盲症，干眼症，皮肤干燥，脱屑。

维生素B₁：神经炎，脚气病，食欲不振，消化不良，生长迟缓。

维生素B₂：口腔溃疡，皮炎，口角炎，舌炎，角膜炎。

维生素B₁₂：巨幼红细胞贫血。

维生素C：坏血病，抵抗力下降。

维生素D：儿童的佝偻病，成人的骨质疏松症。

维生素E：不孕症，流产，肌肉萎缩。

2.1.2.5 矿物质

矿物质（mineral）是地壳中自然存在的化合物或天然元素。矿物质和维生素一样是人体必需的，无法由自身产生、合成。

有25种矿物质元素是人体所必需的。钙、镁、钾、钠、磷、硫、氯7种元素含量较多，占人体内矿物质总量的60%～80%，称为常量元素。其他元素如铁、铜、碘、锌、锰、钼、钴、铬、锡、钒、硅、镍、氟、硒等，存在量极少，在机体内含量少于0.01%，被称为微量元素。

虽然矿物质在人体内的总量不及体重的5%，也不能提供能量，但是它们在人体组织的生理作用中发挥重要的功能。矿物质是构成机体组织的重要原料，如钙、磷、镁是构成骨骼、牙齿的主要原料。矿物质也是维持机体酸碱平衡和正常渗透压的必要成分。人体内有些特殊的生理物质，如血液中的血红蛋白、甲状腺素等需要铁、碘的参与才能合成。在人体的新陈代谢过程中，每天都有一定量的矿物质以粪便、尿液、汗液等形式排出体外，因此必须通过饮食予以补充。但是，由于某些微量元素在体内的生理作用剂量与中毒剂量非常接近，因此过量摄入矿物质不但无益反而有害。

2.2 饮品中的化学

饮料又叫饮品，是指以水为基本原料，由不同的配方和制造工艺生产出来，供人们直接饮用的液体食品。饮料除提供水分外，由于不同品种的饮料中含有不等量的糖、酸、乳、钠、脂肪、能量以及各种氨基酸、维生素、无机盐等营养成分，因此其具有一定的营养。

2.2.1 豆浆

豆浆（soybean milk）是我国传统饮品，最早的豆浆相传是西汉淮南王刘安制作的。鲜豆浆（图2-7）营养丰富，人们常选其作为早餐饮品。

豆浆主要由大豆制成。大豆含蛋白质35% ~ 40%、脂肪15% ~ 20%（不饱和脂肪酸85%）、磷脂1.6%、糖25% ~ 30%，以及较多的钙、铁、锌、硒等无机盐。大豆中维生素B_1、维生素B_2、维生素B_3含量高于大米、玉米等谷类食物。

豆浆即豆腐的前体，是将大豆经过浸泡、磨浆、过滤、煮沸等工序加工而成的液态制品。但要注意未煮熟的豆浆含有胰蛋白酶抑制因子，其未经煮熟破坏，可阻碍胰蛋白酶分解蛋白质，饮用后会出现消化不良、恶心、呕吐、腹泻等不良反应。

图2-7 豆浆

2.2.2　乳制饮品

常见乳及乳制饮品主要是牛乳、羊乳及其制品。鲜牛乳是主要由水、脂肪、蛋白质、乳糖、矿物质、维生素等组成的液体。乳及其制品是膳食中蛋白质、钙、磷、维生素A、维生素D和维生素B_2的重要来源。

液态乳制品可以分为纯牛乳和加工乳。

（1）纯牛乳

杀菌乳：以生鲜牛（羊）乳为原料，经巴氏杀菌后，生鲜乳中的蛋白质及大部分维生素基本无损，但是没有100%杀死所有微生物，所以杀菌乳不能常温储存，需低温冷藏储存，保质期为2～15天。

灭菌乳：是以生鲜牛（羊）乳或复原乳为主要原料，添加或不添加辅料，经灭菌制成的液体产品，由于生鲜乳中的微生物全部被杀死，灭菌乳不需冷藏，常温下保质期为1～8个月。

常温乳：采用超高温灭菌法，能将有害菌全部杀灭，保质期延长至6～12个月，无须冷藏，但营养物质会受很大损失。我们看到的那种纸盒包装的牛乳大多数采用这种灭菌方法。

（2）液态加工乳

酸奶：酸奶是一种酸甜口味的牛乳饮品，是以牛乳为原料，经过巴氏杀菌后再向牛乳中添加有益菌（发酵剂），经发酵后，再冷却灌装的一种牛乳制品。

脱脂乳：脱脂乳是把正常牛乳的脂肪去掉一部分，使脂肪含量降到0.5%以下，还不到普通牛乳脂肪量的1/7。这里的脱脂牛乳指的是全脱脂牛乳，是相对全脂乳而言的，介于两者之间的还有低脂牛乳。

2.2.3　酒

我国是酒的故乡，也是酒文化的发源地，是世界上酿酒最早的国家之一。酒的酿造，在我国已有相当悠久的历史。魏晋时代，曹操的"对酒当歌，人生几何""何以解忧，唯有杜康"，成为广为传诵的名句。唐朝有"李白一斗诗百篇，长安市上酒家眠。天子呼来不上船，自称臣是酒中仙。"白居易的《琵琶行》，是他在饮酒微醉时写成的。北宋时的苏东坡，中秋节喝到微醉时，诗兴大发，写下豪迈悲凉的千古绝唱"明月几时有，把酒问青天。"

在我国古代，酒大约分两种：一种为果实谷类酿成之色酒，另一种为蒸馏酒。按照制造工艺，目前的酒也可分为酿造酒、蒸馏酒，除此之外还有配制酒。

2.2.3.1　酒精含量

日常所说的酒的"度数"指的是酒精体积分数（alcohol by volume，ABV），是国际通用的标准表示方法，一般在20℃下测量。所以，如果一款酒的标签上标注为"30%（ABV）"，即中国人所说的"30度"，那就意味着100mL的这款酒中，乙醇的含量为30mL。

2.2.3.2　酒的制作工艺

（1）红酒

去梗：把葡萄果粒从梳子状的枝梗上取下来。枝梗含有特别多的单宁酸，在酒液中有一股微臭的涩味，因此需要去梗。

压榨：酿制红酒的时候，葡萄皮和葡萄肉是同时压榨的，红酒中所含的红色素，就是在压榨葡萄皮的时候释放出的。

发酵：红酒是葡萄汁通过发酵作用而得的产物。经过发酵，葡萄中所含的糖分会逐渐转成酒精和二氧化碳。因此，在发酵过程中，糖分越来越少，而酒精度则越来越高。

添加二氧化硫：在发酵后立刻添加二氧化硫。二氧化硫可以阻止由空气中的氧气与红酒接触所引起的氧化作用（图2-8）。

（2）黄酒

浸泡：将黍米或者糯米在蒸之前浸泡几个小时，可以确保米蒸熟蒸透。浸泡完毕后淘洗几次，在蒸之前沥干水分。

蒸熟散热：糯米蒸熟之后需要摊开晾晒，使温度降低。

去梗

压榨

发酵

添加二氧化硫

图2-8　红酒的制作过程

加入酒曲：糯米温度降至30℃左右加入酒曲混合均匀，因为酒曲上有大量的微生物，还有微生物所分泌的酶（淀粉酶、糖化酶等），所以糯米温度不能太高。

发酵：酒曲加速将谷物中的淀粉转变成糖，糖在酵母菌的酶的作用下，分解成乙醇（图2-9）。

（3）啤酒

粉碎：将麦芽、大米分别由粉碎机粉碎至适于糖化操作的粉碎度。

糖化：将粉碎的麦芽和淀粉质辅料用温水分别在糊化锅、糖化锅中混合，调节温度。糊化锅中淀粉颗粒在热溶液中膨胀破裂，在糖化锅中淀粉在淀粉酶的作用下转化为麦芽糖、麦芽三糖、葡萄糖和糊精。

发酵：冷却后的麦芽汁添加酵母送入发酵池或圆柱锥底发酵罐中进行发酵，冷却并控制温度。进行下面发酵时，最高温度控制在8～13℃，发酵过程分为起泡期、高泡期、低泡期，一般发酵5～10日。发酵成的啤酒称为鲜啤酒，味苦、口感粗糙、CO_2含量低，不宜饮用。

后酵：为了使鲜啤酒后熟，将其送入贮酒罐中或继续在圆柱锥底发酵罐中冷却至0℃左右，调节罐内压力，使CO_2溶入啤酒中。贮酒期需1～2个月，在此期间残存的酵母、冷凝固物等逐渐沉淀，啤酒逐渐澄清，CO_2在酒内饱和，口味醇和，适于饮用（图2-10）。

2.2.3.3 酒精中毒

酒精中毒是由酒精过量进入人体引起的中毒。酒精主要损害人体中枢神经系统，使神经系统功能紊乱和受到抑制，严重中毒者可因为呼吸循环中枢受到抑制和麻痹而死亡。大量酒精（乙醇）或者含酒精物质进入体内，然后乙醇进入肝脏在酶的作用下转化为乙醛，然而由于肝脏内缺乏将乙醛转化为乙酸的酶，导致乙醛在肝脏蓄积，从而引起头晕头痛、恶心呕吐，严重的会意识障碍、昏迷。

2.2.3.4 酒精探测仪的原理

酒精探测仪的原理是仪器中有电化学传感器，当呼气中的酒精分子通过传感器时，酒精转化成乙醛，这个过程释放电子引起了传感器电流的变化，微处理器便测定传感器的电流，从而快速准确测量呼气中的酒精含量，并换算成血液中酒精含量值。

交警用经硫酸酸化处理的三氧化铬（CrO_3）硅胶检查司机呼出的气体，

浸泡　　　　　蒸熟散热　　　　　加入酒曲　　　　　发酵

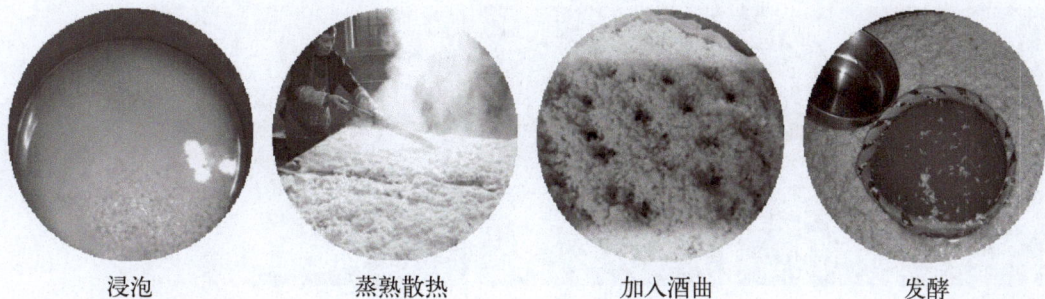

图2-9　黄酒的制作过程

粉碎　　　　　糖化　　　　　发酵　　　　　后酵

图2-10　啤酒的制作过程

　　根据硅胶颜色的变化（硅胶中的+6价铬能被酒精蒸气还原为+3价铬，颜色发生变化，喝得越多颜色越深，由橙黄变灰绿），可以判断司机是否酒后驾车。

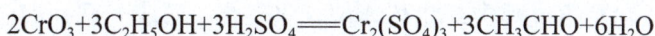

$$2CrO_3+3C_2H_5OH+3H_2SO_4 = Cr_2(SO_4)_3+3CH_3CHO+6H_2O$$

　　也可以用橙色的酸性重铬酸钾（遇到乙醇会从橙色变成绿色）判断司机是否酒后驾车。

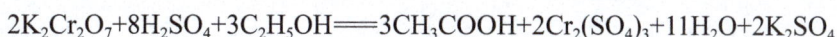

$$2K_2Cr_2O_7+8H_2SO_4+3C_2H_5OH = 3CH_3COOH+2Cr_2(SO_4)_3+11H_2O+2K_2SO_4$$

2.2.4　茶

　　茶树起源于中国，中国的茶文化是将沏茶、赏茶、闻茶、饮茶、品茶等习惯与中国的文化内涵和礼仪相结合形成的一种具有鲜明中国文化特征的现象。白居易写道"无由持一碗，寄与爱茶人"，是说手端着一碗茶无需什么理由，只是就这份情感寄予爱茶之人。

　　陆羽被后世奉为茶圣，所著《茶经》更被奉若经典，虽经千年，历久弥新（图2-11）。

图2-11　茶经和茶

2.2.4.1　茶的成分

已有的研究资料表明，茶叶的化学成分有500多种，归纳起来可分为水分和干物质两部分，茶叶中化学成分种类繁多、组成复杂，但它们合成和转化的生化反应途径相互联系、相互制约。

（1）茶多酚

茶多酚产生于茶树生理活动最活跃的部分。其在茶树幼嫩，新陈代谢旺盛，特别是光合作用强的部位合成最多。因此，芽叶越嫩，茶多酚越多，随着新梢成熟，茶多酚含量逐渐下降。茶多酚是茶叶中酚类物质的总称，主要由30多种酚类物质组成，根据其化学结构可分为儿茶素、黄酮类物质、花青素和酚酸四大类，其中儿茶素的含量最高，所占比例最大，约占茶多酚总量的70%。此类物质结构中含多个酚羟基，因此性质活泼且易于氧化（图2-12）。在制茶过程中，儿茶素被氧化聚合，形成一系列聚合产物，使茶呈现不同颜色。

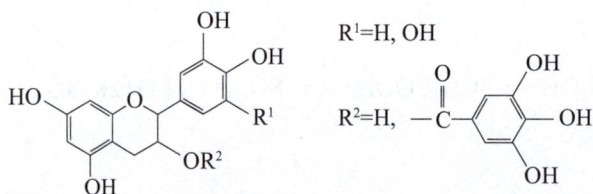

图2-12　儿茶素的结构通式

（2）蛋白质和氨基酸

茶叶中的氨基酸是茶树吸收氮元素后转化而成的。土壤中的氨态氮或硝态氮被茶树吸收后转化成氨，再通过酮戊二酸的还原氨化作用形成氨基酸。茶叶中的蛋白质含量最高达22%以上，但绝大部分不溶于水，所以饮茶时，人们并不能充分利用这些蛋白质。

茶叶中的氨基酸种类甚多，已发现的有25种以上。其中，茶氨酸、谷氨酸、天冬氨酸、精氨酸等含量较高。其中，尤以茶氨酸的含量最为突出，占游离氨基酸总量的50%～60%，嫩芽和嫩茎中茶氨酸所占比例更大；谷氨酸次之，占总量的13%～15%；天冬氨酸又次之，约占总量的10%。茶树大量合成茶氨酸，是茶树新陈代谢的特点之一。在制茶过程中，部分蛋白质在酶的作用下水解为氨基酸，有利于提高茶叶品质。

（3）芳香物质

芳香物质是茶叶中种类繁多的挥发性物质的总称，习惯上称为芳香油。芳香物质在茶叶中含量并不多，但对茶叶品质起重要的作用。芳香物质一般在鲜叶中的含量不到0.02%；绿茶中含0.005%～0.02%；红茶中含量较多，含有0.01%～0.03%。应用气相色谱法分析组成茶叶香气的芳香物质，归纳起来可分为十大类：碳氢化合物、醇类、酮类、酯类、内酯类、酸类、酚类、含氧化合物、含硫化合物和含氮化合物。

茶叶中的芳香物质各有各的香气特点，鲜叶中大量存在的是顺式青叶醇，有浓厚的青草气，制成绿茶以后，以吲哚、紫罗酮类化合物、苯甲醇、沉香醇、乙烯醇和吡嗪化合物为主；制成红茶以后，以沉香醇及其氧化物、乙烯醇、水杨酸甲酯、己酸等为主。茶叶中的香气物质，除了以上介绍的芳香物质以外，某些氨基酸及其转化物、氨基酸与儿茶素邻醌的作用产物都具有某种茶香。

（4）生物碱

茶叶中含有多种生物碱，其中主要成分是咖啡碱，它所占的比例相当大，此外还含有少量的茶叶碱、可可碱等。咖啡碱是一种很弱的碱，味苦。茶叶中咖啡碱含2%～5%，咖啡碱的生物合成途径与氨基酸、核酸、核苷酸的代谢紧密相关，所以咖啡碱也是在茶树生命活动活跃的新梢部分合成最多、含量最高的。

（5）糖类

茶叶中糖类包括单糖、双糖和多糖三类，有几十种之多，其含量为20%～30%。茶叶中的糖类化合物都是由光合作用合成、代谢转化而成的，因此糖类化合物的含量与茶叶产量密切相关。

茶叶中的单糖包括葡萄糖、甘露糖、半乳糖、果糖、核糖、木酮糖、阿拉伯糖等，含量为0.3%～1%；茶叶中的双糖包括麦芽糖、蔗糖、乳糖、棉子糖等，含量为0.5%～3%。

如果鲜叶采摘不及时，纤维素增加、组织老化，会使茶叶外形粗松、品质下降。茶叶中的糖类化合物，除上述糖类物质外，还有很多与糖有关的物质。通常将种子中的皂素称为茶籽皂素，而茶叶中的皂素称为茶叶皂素。茶皂素味苦而辛辣，在水中易起泡，粗老茶的苦味和泡沫可能与茶皂素有关。茶皂素是由木糖、阿拉伯糖、半乳糖等糖类和其他有机酸等物质结合成的大分子化合物。茶叶皂素一般含量约为0.4%，如含量过高就可能影响茶汤的味道和质量。

（6）茶叶色素

广义而言，茶叶色素是指茶树体内的色素成分和茶冲泡后形成茶汤颜色的色素成分，包括叶绿素、胡萝卜素、黄酮类物质、花青素及其他茶多酚的氧化产物等。叶绿素、叶黄素和胡萝卜素不溶于水，统称为脂溶性色素。

茶叶中的叶绿素的含量一般为0.3% ~ 0.8%，叶绿素主要是由蓝绿色的叶绿素a和黄绿色的叶绿素b组成；胡萝卜素在茶叶中的含量一般为0.02% ~ 0.1%；叶黄素为0.01% ~ 0.07%，为黄色或橙黄色物质，这类具有黄色到橘红色的多种有色化合物被称为类胡萝卜素，已知结构的类胡萝卜素在300种以上，在茶叶中已发现的大约有17种，如β-胡萝卜素，玉米黄素、α-胡萝卜素等。

（7）酶和维生素

酶是一类具有生理活性的化合物，是生物体进行各种化学反应的催化剂，它具有功效高、专一性强的特点。离开这类化合物，一切生物包括茶树在内就不能生存，茶树物质的合成与转化，也依赖于这种物质的催化作用。

茶叶中的酶类很多而且复杂，归纳起来有几大类：水解酶、糖苷酶、磷酸化酶、裂解酶、氧化还原酶、转移酶和异构酶等。酶是一种蛋白体，就其组成来看，酶可分为两大类：一类是由具有催化作用的蛋白质构成的，称为单成分酶；另一类是由蛋白质部分（酶蛋白）与非蛋白质部分（辅基）构成的，称为双成分酶。

茶叶中含有多种维生素，有水溶性和脂溶性维生素两大类，水溶性维生素包含维生素C、维生素B_1、维生素B_2、维生素B_3、维生素B_{11}、维生素P和肌酸等。茶叶中含量最多的维生素是维生素C，高级绿茶中其含量可达0.5%，但质量差的绿茶和红茶中含量只有0.1%，甚至更少，茶叶中还含有多种B族维生素。由于茶叶中富含各种维生素，因此饮茶不仅能解渴、提神，而且茶叶具有一定的营养意义。茶叶中脂溶性维生素有维生素A、维生素D、维生素E和维生素K等。其中，维生素A含量较多，维生素A是胡萝卜素的衍生物，这些维生素难溶于水，所以饮茶时为人们所利用的不多。

（8）有机酸

茶叶中含有多种数量较少的游离有机酸，其中主要有苹果酸、柠檬酸、草酸、鸡纳酸和对香豆酸等。茶叶中草酸含量为0.01%，在茶树体内，它与钙质形成草酸钙晶体，在茶树叶片解剖进行显微观察时可以见到这种晶体，可作为鉴定真假茶叶的依据之一。

2.2.4.2　茶叶发酵实质

茶叶发酵过程中发酵叶中的多酚类物质在多酚氧化酶（PPO）、过氧化物酶（POD）、β-葡萄糖苷酶（BG）、脂氧合酶（LOX）等酶类的作用下发生酶促氧化、聚合缩合反应形成茶黄素、茶红素、茶褐素等一系列高聚物的同时引起芳香物质、糖类物质、蛋白质、氨基酸、叶绿素、咖啡碱等品质成分剧烈变化，为最终形成发酵茶特色的色、香、味品质奠定基础。

2.2.4.3　茶叶加工过程

茶是采摘茶树的嫩芽或新叶为原料，经过一连串的制作过程制成的。制茶过程为：采青→萎凋→揉捻→发酵→杀青（图2-13）。

采青：茶只能采摘嫩叶，老叶无法使用，细嫩的部分采下来后称为茶青。

萎凋：茶青采下来后，首先要放在空气中，让它消失一部分的水分，这个过程称为萎凋。萎凋的过程就是水分透过叶脉有秩序从叶子边缘或气孔蒸发出来。每部分的细胞都必须消失一部分的水分，只有这样，才能进行发酵作用。

采青　　　萎凋　　　揉捻　　　发酵　　　杀青

图2-13　茶叶加工过程

揉捻：揉捻就是把萎凋叶像揉面一样搓揉，使其成为条状的过程。揉的过程中，重要的是让茶叶里的细胞破碎，让茶叶里的茶多酚与空气中的氧气接触，发生酶促氧化，为下一步的发酵打下基础。

发酵：发酵指茶叶成分被氧化的过程。发酵使茶发生香变、色变、味变。

杀青：杀青的目的是通过高温快速破坏酶的活性，停止其酶促氧化作用，使茶叶形成的品质固定下来。杀青一是破坏酶活性，防止多酚类物质发酵过度；二是将茶叶中的水分烘至7%以下，利于茶叶的保存；三是丰富和发展茶叶的香气。

2.2.4.4　几种常见茶

按照制作工艺（茶多酚氧化程度），可以分为以下几种茶。

绿茶：不发酵的茶，如龙井茶、碧螺春。

黄茶：微发酵的茶，如君山银针。

白茶：轻度发酵的茶，如白牡丹、白毫银针。

青茶：半发酵的茶，如武夷岩茶、铁观音、冻顶乌龙茶。

红茶：全发酵的茶，如正山小种、祁红、川红、闽红、英红。

黑茶：后发酵的茶，如普洱茶、六堡茶。

2.2.5　咖啡和可可

2.2.5.1　咖啡

咖啡是热带的咖啡豆经200 ～ 250℃烘焙和磨碎后制成的饮料（图2-14）。咖啡的主要成分有咖啡因、单宁酸、脂肪、蛋白质、糖、纤维素和矿物质等。

速溶咖啡适合学生、白领等喜欢咖啡或者需要提神的人群。但速溶咖啡中添加的防腐剂对身体没有好处。另外，咖啡的生产过程中产生了丙烯酰胺，这种物质是一种已知的致癌物质。手磨咖啡包括咖啡店非冲调咖啡，咖啡品质取决于咖啡豆品种以及烘焙方式。

2.2.5.2　可可

约3000年前，玛雅人就开始培植可可树，并将

图2-14　咖啡和巧克力

可可豆烘干碾碎，加水和辣椒，混合成一种苦味的饮料。这种饮料中的可可碱和微量咖啡因可产生兴奋作用。可可是玛雅文化和宗教的重要组成部分，甚至还被当作货币使用。

可可粉除含脂肪、蛋白质及碳水化合物等多种营养成分外，还含有可可碱、维生素A、维生素B_1、维生素B_2、尼克酸、磷、铁、钙等。可可碱对人体具有温和的刺激、兴奋作用。巧克力是最具代表性的可可制品。

但是很多巧克力是用可可脂/代可可脂、大量的糖和糖浆、乳粉制作而成的，有营养价值的可可粉含量并不高，同时使用了碱化技术进一步减少了营养成分，对健康多有不利，因此在购买巧克力时需要阅读成分表和营养表。可可饮料的成分也是大量的糖和碱化的可可粉。

2.2.6　碳酸饮料

碳酸饮料是在液体饮料中充入二氧化碳制成的，其主要成分为糖分、色素、香料等，除热量外，没有任何营养。在炎热夏季，人们常用它来消暑解热。碳酸饮料中除了含有大量的糖分、防腐剂、色素、香精外，还含有极少量的维生素、矿物质，以及碳酸和磷酸等化学成分。常见的碳酸饮料有：可乐、雪碧等（图2-15）。

图2-15　常见的碳酸饮料

碳酸饮料由矿泉水或煮沸过的凉饮用水或经紫外线照射消毒的水加入二氧化碳制成。自制碳酸饮料：食用柠檬酸（或酒石酸）和小苏打（$NaHCO_3$）溶于水后，能发生化学反应，产生二氧化碳气体，二氧化碳气体溶解在含糖、果汁等成分的水中，便可制成碳酸饮料。

过量饮用碳酸饮料，其中的磷酸可能会改变人体的钙、磷比例。研究人员还发现，与不过量饮用碳酸饮料的人相比，过量饮用碳酸饮料的人骨折危险会增加大约3倍；而在剧烈体力活动的同时，再过量饮用碳酸饮料，其骨折的危险也可能增加5倍。专家提醒，儿童期、青春期是骨骼发育的重要时期。在这个时期，孩子们活动量大，如果喝过多的碳酸饮料不仅对峰值骨量可能产生负面影响，还可能会给将来引发骨质疏松症埋下伏笔。

2.2.7　果汁饮料

果汁是以水果为原料经过物理方法如压榨、离心、萃取等加工工艺制成的饮品。果汁中保留了水果中大部分的营养成分，例如维生素、矿物质、糖分和膳食纤维中的果胶等。常喝果汁可以助消化、润肠道，补充膳食中缺乏的营养成分。果汁分为两种：纯果汁和复合果汁。就纯果汁而言，又可分为两种，一种是直接使用的原汁，另一种是将鲜榨果汁脱水形成浓缩果汁，再加水还原成纯果汁。大多数纯果汁都是浓缩果汁加水还原产品。近年来流行的鲜榨果蔬饮料是用新鲜或冷藏的水果或蔬菜加工制成的饮料（图2-16）。

图2-16　鲜榨果汁

不少人认为将水果榨成汁不仅能提供丰富的营养，还更有利于孩子的消化吸收。但其实水果在榨成汁的过程中会流失很多营养，同时还会摄入更多糖分，易导致肥胖等问题。与水果相比，鲜榨果汁含有更多的能量和糖分，更少的膳食纤维，半杯的苹果片含1.5g膳食纤维和5.5g糖，而半杯的苹果汁含0g膳食纤维和13g糖。因此，孩子经常喝果汁会增加能量的摄入并导致龋齿等问题。

此外，直接吃水果对孩子的饱腹感、咀嚼吞咽功能的训练、精细动作的发育甚至颌面部肌肉的发育等都有重要意义；果汁不但没这些作用，还可能会导致孩子养成不喝白开水的习惯。

2.2.8　功能饮料

功能饮料是指通过调整饮料中营养素的成分和含量比例，在一定程度上调节人体功能的饮料。

功能饮料含有钾、钠、钙、镁等电解质，成分与人体体液相似，饮用后能更迅速地被身体吸收，及时补充人体因大量运动出汗损失的水分和电解质（盐分），使体液达到平衡状态。功能饮料的原料主要有以下几种。

2.2.8.1　牛磺酸

牛磺酸（$NH_2CH_2CH_2SO_3H$），化学名称为2-氨基乙磺酸，最早从牛胆汁中分离出来，外观为白色针状结晶或粉末，无臭，味微酸（图2-17）。

牛磺酸以游离形式广泛存在于动物各种组织细胞内液中，植物中很少含有牛磺酸。哺乳动物的主要脏器，如心脏、脑、肝脏中牛磺酸含量较高。牛磺酸含量最丰富的是紫菜，墨鱼，章鱼，虾，贝类中的牡蛎、海螺、蛤蜊等。

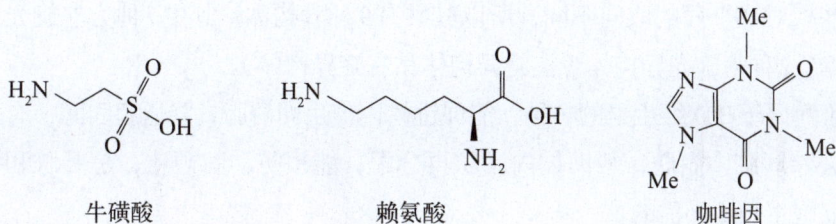

图2-17　牛磺酸相关化合物结构式

　　牛磺酸参与糖代谢的调节，加速糖酵解；能增强心肌收缩力，增加血液输出，同时防止心肌损伤；能保护肝脏，对于维持运动能力，牛磺酸是必需的，加强补给可使运动能力和抗运动性疲劳能力进一步增加；能改善内分泌状态，增强人体免疫。

2.2.8.2　赖氨酸

　　赖氨酸属于蛋白质的重要组成部分和人体必需氨基酸之一，可以调节人体代谢平衡；能提高钙的吸收以及在体内的积累，加速骨骼生长；有促进生长发育、增加食欲、减少疾病和增强免疫的作用。

　　植物蛋白质中一般赖氨酸含量较低，并且在加工过程中容易被破坏。黑麦、米、玉米、花生等所含赖氨酸为限制氨基酸，小麦、芝麻、燕麦等所含赖氨酸为第一限制氨基酸。限制氨基酸是指食物蛋白质中一种或几种必需氨基酸缺少或不足，就会使食物蛋白质合成为机体蛋白质受到限制，由于限制了此种蛋白质的营养价值，这类氨基酸就称为限制氨基酸。按其缺少数量的多少排列，称为第一限制氨基酸、第二限制氨基酸。

2.2.8.3　咖啡因

　　咖啡因（$C_8H_{10}N_4O_2$）为白色或带极微黄绿色、有丝光的针状结晶，无臭、味苦。咖啡因直接作用于中枢神经，促使思维变得敏捷清晰、能减少疲劳、促进代谢、刺激肝脏释放肝糖原以增加体内能量、促使血液中肾上腺素明显增加，从而加快心率、增加血流量、提高氧输送能力、促使三羧酸循环得以顺利进行、保证能量不断得到补充。

　　在美国等地，咖啡因大量用作可乐等饮料的添加剂。咖啡因作为兴奋剂、苦味剂、香料，主要供可乐型饮料及含咖啡因饮料使用。

2.2.8.4　肌醇

　　肌醇（图2-18）又称环己六醇、六羟基环己烷、环己糖醇、肉肌糖等，因羟基相对环平面的取向不同，所以其共有9种异构体，其中7种为非旋光异构体、2种为旋光异构体（左旋异构体和右旋异构体）。

肌醇属于B族维生素的一种，能促进体内产生卵磷脂，降低胆固醇，有助于去除肝脏中脂肪，帮助体内脂肪再分配；能预防动脉硬化；是肝脏和骨髓细胞生长所必需的。

肌醇的最大食物来源是有机全谷物、坚果、哈密瓜、柑橘类水果、利马豆、葡萄干和甘蓝，牛奶中也含有一些肌醇。

2.2.8.5　维生素PP

烟酰胺又称尼克酰胺、维生素B_3或维生素PP，是一种水溶性维生素，属于B族维生素。烟酰胺是一种白色针状结晶或结晶性粉末，无臭或稍有臭气，味微苦。烟酰胺参与能量代谢、组织呼吸的氧化过程和糖原分解的过程；参与蛋白质、脂肪和DNA的合成。

自然界中烟酰胺主要存在于谷类外皮、酵母菌、花生、肉类、动物内脏器官、乳类和绿叶蔬菜中，在人体内可以由色氨酸合成，但效率极低。肠道内的大肠埃希菌等可合成烟酸，再转化为烟酰胺。

体内缺乏烟酸和烟酰胺时，会得糙皮病，因此它们可预防糙皮病。它们在蛋白质和糖的新陈代谢中起作用，可改善人类和动物的营养缺失。除医药作用外，烟酰胺还大量用作食品和饲料添加剂。

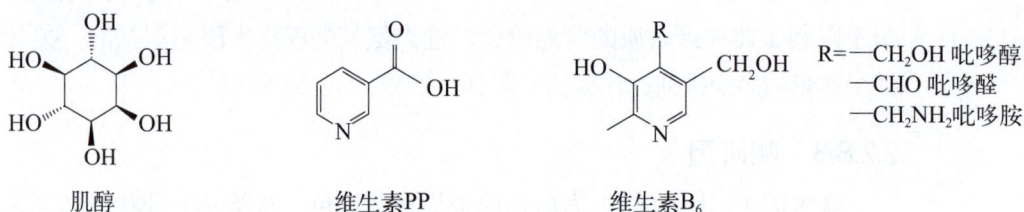

肌醇　　　　　　　维生素PP　　　　　　维生素B_6

R＝—CH_2OH 吡哆醇
　　—CHO 吡哆醛
　　—CH_2NH_2吡哆胺

图2-18　肌醇相关化合物结构式

2.2.8.6　维生素B_6

维生素B_6包括吡哆醇、吡哆醛及吡哆胺，三者可以互相转化，均具有维生素B_6的功效。以上3种形式的维生素B_6低浓度存在于蛋黄、肉类、鱼、乳汁、谷物、种子外皮、豆类、甘蓝及其他蔬菜中。人体肠内细菌也可合成维生素B_6，其在酵母菌、肝脏、谷粒、肉、鱼、蛋、豆类及花生中含量较多。

维生素B_6属于B族维生素的一种，在体内被磷酸化为辅酶形式，参与酶类代谢，在糖类代谢中催化肌肉与肝中的糖原转化；参与氨基酸代谢，并起重要作用；有助于脑和其他组织中的能量转化。

维生素B_6缺乏会导致皮肤和黏膜炎症，常见为脂溢性及脱屑性皮炎、口腔炎、舌炎、眼炎等。正常饮食，极少发生维生素B_6缺乏。

2.2.8.7　维生素B_{12}

维生素B_{12}（$C_{63}H_{88}CoN_{14}O_{14}P$），是一类含钴的类咕啉复杂有机化合物，所含的三价钴位于咕啉环平面的中心。它是目前已发现的最大、最复杂的维生素分子，也是唯一含有金属离子的维生素；其结晶为红色，故又称红色维生素。

维生素B_{12}属于B族维生素的一种，在体内转化为各种辅酶参与碳水化合物、脂肪和蛋白质的代谢；促进红细胞的形成；维护神经系统的正常功能。

植物不含维生素B_{12}，也不能制造维生素B_{12}。动物肝脏是维生素B_{12}的最好来源，其次为奶、肉、蛋、鱼等。体内维生素B_{12}缺乏可以引起周围神经和中枢神经等神经系统的病理性改变。

2.3　食品的风味

2.3.1　口味

2.3.1.1　酸味

酸味的产生是由于酸性化合物在水溶液中解离出氢离子（H^+），刺激口腔中的味觉感受器，随后经感觉神经系统传至大脑的味觉中枢。

一般认为H^+是酸性化合物的定味剂，酸根负离子是助味剂，酸味感与氢离子的浓度和酸根负离子的种类等都有关系。

现在一般会将柠檬酸的酸味强度（简称酸度）定为100，其他酸的酸味强度与之比较，得到对应的酸度（图2-19）。在溶液中能电离出氢离子的化合物都具有酸味，但是酸味的强度并不仅仅取决于溶液中氢离子的浓度，还与酸根的种类、缓冲溶液特别是糖的存在有关。

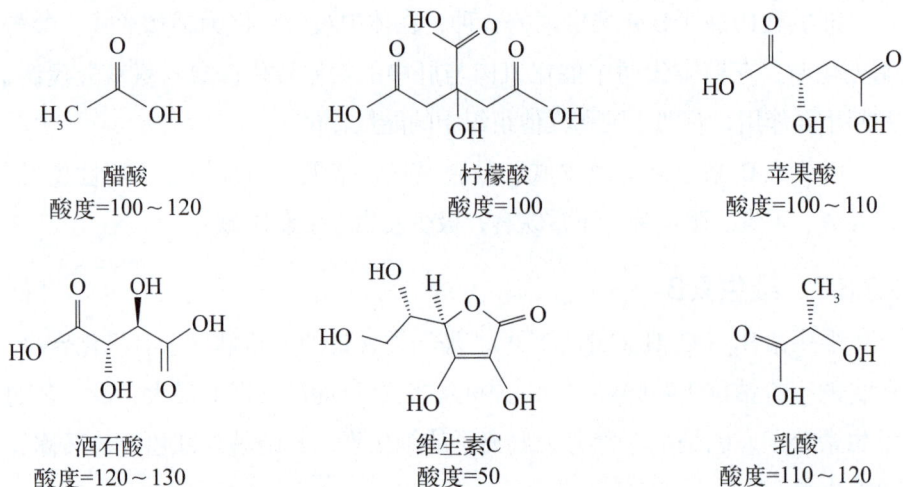

醋酸
酸度=100~120

柠檬酸
酸度=100

苹果酸
酸度=100~110

酒石酸
酸度=120~130

维生素C
酸度=50

乳酸
酸度=110~120

图2-19　一些酸性化合物及其酸度

俗话说："五味调和醋为先"，醋是日常生活中必不可少的调味品，从饺子的蘸料到西湖醋鱼和糖醋排骨等名菜，都离不开醋。醋不仅仅是调味品，而且适量食用醋还对人体有好处：促进胃液分泌，增进食欲；促进人体对营养物质的吸收。

醋酸也叫乙酸、冰醋酸，化学式为 CH_3COOH，是一种有机一元酸，在水溶液中呈弱酸性，在25℃时 pK_a 为4.75，1.0mol/L 的醋酸水溶液 pH 约为2.37。醋酸能阻止微生物的生长繁殖，因此在食物中添加适量醋，可以起到抑菌杀菌的作用。醋主要通过大米或高粱等谷物发酵，将其中的淀粉转化为葡萄糖，再经酵母菌发酵得到酒精，酒精在醋酸菌的作用下进一步生成醋酸。

2.3.1.2　甜味

甜味常令人感到愉悦。甜味产生的机制大致如下：甜味分子激活舌上皮味蕾上的甜味受体（T1R2/T1R3受体），进而激活G蛋白及磷脂酶C　β2，磷脂酶C　β2水解得到的三磷酸肌醇诱发细胞内 Ca^{2+} 释放，随后细胞膜去极化并释放神经递质，从而产生甜味。

通常认为甜来自糖，以蔗糖最为普遍（图2-20），甜味的产生化学结构上归因于空间上靠近的2个相邻羟基。甜味剂多为脂肪族的羟基化合物，一般来说，

图2-20　糖果

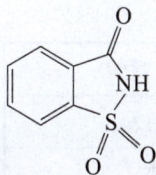

图2-21 糖精结构式

分子结构中羟基越多，味道就越甜，葡萄糖的甜味强度大于丙三醇大于乙二醇。

迄今为止，普遍使用的甜味分子已达20余种，如糖类（蔗糖）、糖类衍生物（三氯蔗糖）、糖醇类（山梨醇）、糖苷类（甜菊糖苷）、二肽类（阿斯巴甜）、磺酰胺类（糖精）等（图2-21）。通常把室温下质量分数为5%的蔗糖溶液的甜度定为1，其他甜味分子与之比较而获得甜度值。其测定一般靠评测员多次品尝取平均值，因此甜度值受主观因素影响，最近已开发出电子舌模拟人类味觉，可以较为客观地评估甜度，但技术还不成熟。

2.3.1.3 鲜味

对"味"的追求，是中国饮食文化的标识之一，而"五味调和百味鲜"则指出了食物的最高境界——鲜。宋朝林洪的《山家清供》中称竹笋"其味甚鲜"；明朝亦有"陈肉而别有鲜味"；清朝李渔则在《闲情偶寄》中提到"盖蕈之清香有限，而汁之鲜味无穷"。

鲜味通常不能独立作为菜肴的滋味，而是在应用过程中，一般在有咸味的基础上，鲜味方可呈现最佳效果。咸可增鲜，酸可减鲜，甜鲜混合，形成复合的美味，可使鲜味较弱或基本无鲜味的原料经过烹调后增加鲜美滋味。鲜味剂，又称增味剂或风味增效剂，是具有鲜味的和明显增强菜肴鲜味作用的化学成分，用于加工各类的蔬菜、肉类、水产类、乳类以及酒类饮料等。

游离氨基酸是目前食品工业和日常烹饪中广泛运用的一类鲜味剂，主要包括谷氨酸和天冬氨酸等，其中最具代表性的是谷氨酸钠。茶叶中也存在一种特有的呈鲜氨基酸——L-茶氨酸，是茶叶鲜爽味道的主要来源。20世纪60年代Takemoto等人从日本蘑菇中提取出口蘑氨酸和鹅膏氨酸也具有较强的鲜味（表2-1）。

表2-1 鲜味食物中游离谷氨酸及天冬氨酸含量 单位：mg/100g

食品名称	谷氨酸	天冬氨酸
凡纳滨对虾	436.52	36.38
中华绒螯蟹	62	30
松口蘑	127	32

食品名称	谷氨酸	天冬氨酸
野生大黄鱼	14.11	4.12
牛肝菌	90	83
金针菇	682	24
杏鲍菇	325	71
马氏珠母贝	102	32

2.3.1.4 辣味

一提起辣，浮现在脑海中的大多是鲜红火热的名菜，如辣子鸡、水煮鱼、热气腾腾的麻辣火锅，让人垂涎三尺。虽然日常饮食中离不开辛辣的味道，但辣味物质的化学本质却鲜为人知。辣椒原产于中南美洲，15世纪中期由哥伦布发现并带回欧洲，后来又经过几代航海家传播到世界各地。辣椒16世纪通过海路传入中国时正值明朝，最初出现在东南沿海地区，后来才被长江上游的居民种植，因此辣椒也被称为番椒、海椒（图2-22）。

辣味不同于酸味、甜味、咸味或是苦味，它其实是一种灼热感和疼痛感在大脑中的综合反映，而并非味觉，是辣椒素在起作用。从生理上讲，人们在品尝其他味道的时候，主要通过食物中的化学物质刺激存在于舌头表面味蕾上的味觉受体细胞，并将这些味觉信号传递给中枢神经系统，从而产生味觉。

当机体品尝辣味物质时，辣椒素直接作用于舌头表面的化学感觉神经元（包括温度感受器和疼痛感受器），并与这些神经细胞表面的辣椒素（图2-23）受体特异性结合，使离子通道打开，产生瞬时电位，以电信号的形式传递给神经中枢，使中枢系统产生灼热感和疼痛感，该过程又称三叉神经反应。辣椒素受体不仅存在于口腔神经细胞中，也广泛存在于肌肉、肠

图2-22 火锅、辣椒和辣椒油

道以及胰腺等器官的组织细胞中。这也是为何辣椒不仅在嘴里能产生灼热感和疼痛感，涂抹在皮肤表面或者进入眼睛也会有相似疼痛感的原因。

与酸度、甜度、咸度类似，辣味物质的辣度也是能够测量的。目前，辣度测量方法主要有两类：感官评定法和定量分析法。感官评定法普遍采用美国的斯科维尔辣度单位（SHU）进行衡量：首先将辣味提取液按比例稀释，让5名左右的评测员找出刚刚能察觉出辣味的最低浓度的样品，再根据样品的稀释比例转化成辣度。

根据SHU法可以将辣味食材分级，供人们使用时参考。一般辣椒的辣度在1万SHU左右，世界上著名的超级辣椒有248万SHU的"龙之气息"、157万SHU的"卡罗来纳死神"。中国也有一些辣度非常强的辣椒，如50万SHU的云南涮涮辣，还有重庆石柱朝天红、海南黄灯笼椒等。

图2-23　辣椒素结构式

尽管辣味食材对人体机能的影响类似，但由于辣味食材的科属不同，因此辣味的化合物成分也有巨大差异：辣椒，辣味主要源于内部的辣椒素及其同系物；大蒜和洋葱，辣味源于大蒜素类结构；山葵和辣根，辣味来源是异硫氰酸酯结构；生姜，辣味源自姜辣素类化合物（图2-24）。

2.3.1.5　苦味

各味之中，苦是最不讨人喜欢的。含苦味的化学物质中，奎宁常被选为苦味的标准物质（图2-25）。

苦味物质根据结构类型可以分为以下几类：生物碱、糖苷、多酚、萜、氨基酸和多肽类以及无机盐类。

生物碱是生物体内碱性含氮有机化合物的总称，大多具有苦味。常见含苦

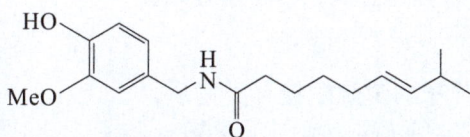

图2-24　生活中的辛辣食物

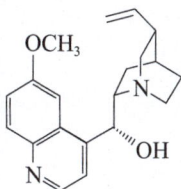

奎宁

图2-25　奎宁结构式和苦瓜

味生物碱的食物有咖啡、茶、可可、莲子、百合等。咖啡碱、茶碱和可可碱都是黄嘌呤骨架生物碱。咖啡碱又称咖啡因，是一种无色针状晶体，是具有强烈苦味的物质，最早在咖啡中被发现，主要存在于咖啡、茶叶和可可果中。

咖啡碱具有祛除疲劳、兴奋神经等作用，在医药上多用作中枢神经兴奋剂、强心剂和麻醉剂等。但如果长期或大剂量摄入咖啡碱，会成瘾并对人体造成伤害，因此我国把咖啡碱列为"精神管制药品"。

莲子，是一种药食同源的食材，所含的莲子心，味苦。莲子心的有效成分主要是具有生物活性的生物碱，包括莲心碱、异莲心碱、甲基莲心碱、莲心季铵碱、荷叶碱、前荷叶碱等。

柑橘类水果或果汁常带有苦味，其中含有苦味的黄烷酮糖苷类物质，主要有柚皮苷、橙皮苷和新橙皮苷。柚皮苷、橙皮苷和新橙皮苷具有多种药理活性，能起到抗氧化和清除自由基的作用，在抗炎、抗病毒、抗过敏、抗癌、降血压、降血脂方面都发挥重要作用。

2.3.2 风味

2.3.2.1 酸笋

酸笋是我国具有地理标志性的食品，由于它独特的风味，因此它广受消费者青睐。酸笋是发酵食品，它的风味形成与微生物的活动息息相关。酸笋的风味主要有两个来源，一部分是原料和辅料自身的风味物质；另一部分是经过微生物发酵新产生的风味物质。

酸笋中可以检测出八十多种挥发性成分，醛类、酚类和呋喃类物质的相对含量较高，其中含量最高的物质为对甲基苯酚，含量在60%以上。

2.3.2.2 臭豆腐

臭豆腐是我国的传统发酵制品，根据工艺不同分为非发酵型和发酵型两种。

南方臭豆腐属于非发酵型，制作过程一般分为臭卤水（一般用苋菜、香菇、浏阳豆豉等发酵获得）制作、豆腐浸泡、油炸几个阶段。

发酵型臭豆腐以北方臭豆腐为代表，是腐乳的一种，有严格的前期发酵过程。臭豆腐经过长时间的发酵，游离氨基酸和锌、铁、钙等矿物质含量丰富。

不管是发酵型臭豆腐还是非发酵型臭豆腐，生产过程中都离不开微生物的参与。原料中的蛋白质、糖类等在多种微生物及其分泌的酶类的作用下分解，释放大量的酯类、醇类、含硫类化合物等，形成了臭豆腐的特殊风味。

影响我国传统发酵食品安全的一个重要因素是各类含氮化合物代谢产生的有害胺（氨）类物质。目前，在臭豆腐中已检测出多种生物胺。发酵过程中微生物对有机氮源选择性吸收和有害胺（氨）类物质的积累密切相关。

发酵型臭豆腐是以蛋白质含量高的优质黄豆为原料，经过泡豆、磨浆、除渣、点脑、前期发酵、腌制、配卤、后期发酵等多道工序制成的，这个过程会经过自然发酵而长出"好霉菌"。

2.3.2.3　水果的香气

水果的风味、外观颜色以及营养价值是其关键的品质特性，香气是影响消费者偏好的主要因素之一。水果中的挥发性香气物质种类繁多，主要由酯、醇、醛、酮、内酯、萜类组成，但微量成分也可能起关键作用，如微量的硫化物与其他化合物结合给热带水果带来了诱人的热带风味。

根据人对不同化学结构的香气成分的感官效果，水果香气可分为果香型、清香型、辛香型、木香型、醛香型等。果香型化合物是指那些有成熟水果香气且伴有甜气味的物质，如乙酸丁酯、乙酸乙酯、己酸乙酯、丁酸戊酯等各种酯类物质、内酯类物质，柑橘中的香柠檬油和甜橙油等都属于果香型化合物。成熟水果释放出的怡人的香气主要为果香型。

清香型化合物指具有绿色植物清香气能使人联想起刚采摘下来的草或树叶香气的物质，C_6 及 C_9 的醛类、醇类物质是清香型化合物的代表。$C_7 \sim C_{12}$ 的脂肪族/醛类是醛香型化合物的重要代表。在果实生长发育过程中以产生清香型和醛香型气味的物质为主。各种水果的气味类型和主要物质，如表2-2所示。

表2-2　水果的气味类型和主要物质

代表水果	有机物类别	特征物质成分
草莓	酯类	2-甲基丁酸乙酯、己酸乙酯
	酮类	2,5-二甲基-4-羟基-3(2*H*)-呋喃酮

代表水果	有机物类别	特征物质成分
苹果	酯类	戊酸戊酯、乙酸丁酯
葡萄	酯类	邻氨基苯甲酸甲酯、甲酸乙酯
	萜类	芳樟醇、香叶醇、芹子烯
香蕉	酯类	乙酸异戊酯
	酚、醚类	丁香酚、甲基丁香酚、榄香素
菠萝	酯类	丁酸乙酯、己酸乙酯
桃	醇、醛类	叶烯醇、反式-2-己烯醛、苯甲醛
西瓜	醇类	顺-3-壬烯-1-醇、顺-6-壬二烯醇
番茄	醇、醛类	N-丁醇、正戊醛、苯甲醛
	内酯类	γ-丁内酯、γ-辛内酯
桃	内酯类	γ-十内酯、δ-十内酯、γ-八内酯
椰子	内酯类	γ-十二内酯、δ-辛内酯
油桃	萜类	芳樟醇、α-萜品烯、γ-萜品烯
香橙	萜类	α-萜品烯、异戊二烯、长叶烯

2.4　食品添加剂

食品添加剂被联合国粮食及农业组织（FAO）和世界卫生组织（WHO）联合建立的国际食品法典委员会定义为一般少量添加于食品，改善食品的外观、风味和组织结构或贮存性质的非营养物质。

食品添加剂促进了食品工业的发展，并被誉为现代食品工业的灵魂，主要因为其为食品工业带来很多益处。食品添加剂主要作用为防止食品变质、改善食品感官品质、保持食品营养和便于食品供应或加工。例如，当前经常出现在大众视野的预制菜，其制作就离不开各种各样的食品添加剂。食品添加剂的使用有严格的监管，因此只要我们正确、合法使用食品添加剂，它并不会对我们的健康产生损害。但目前社会上错误使用添加剂的情况还很多，因此有条件的话，最好还是食用新鲜制作的食物。

我国食品添加剂有22个类别，2000多个品种，包括酸度调节剂、抗结剂、消泡剂、抗氧化剂、漂白剂、膨松剂、着色剂、护色剂、酶制剂、增味剂、营养强化剂、防腐剂、甜味剂、增稠剂、香料等。

2.4.1　食品配料表怎么看？

《食品标识管理规定》（2009年修订版）和《食品安全国家标准　预包装食品标签通则》（GB　7718—2011）中规定，食品配料表是以含量高低排序的，在配料表中排名越靠前，添加的量就越大，其在一定程度上反映食品的真实构成。

营养成分表上有五项强制内容必须列出：能量（热量）、蛋白质、脂肪、碳水化合物和钠。剩下的内容是商家选择性列出的，一般都会列出商品含有的优势成分，比如膳食纤维。

NRV（nutrient reference value）的含义：营养素参考值，它展示的是每单位食品中所含营养成分占人体一天所需营养成分的百分比。

2.4.2　火腿肠中的食品添加剂

（1）乙酰化二淀粉磷酸酯：增稠剂

乙酰化二淀粉磷酸酯是酯类有机物，白色粉末、无臭、无味、易溶于水、不溶于有机溶剂。乙酰化二淀粉磷酸酯主要作为增稠剂，用于午餐肉、火腿肠，可提高其保水性，增加肉的嫩度，改善口感，不受温度的影响。

淀粉又分为原淀粉和变性淀粉。原淀粉指的是从马铃薯、玉米等作物中提取的自然物质，没有经过特殊的加工。变性淀粉是指经过特殊加工的淀粉。变性淀粉的品种、规格达两千多种，变性淀粉的分类一般是根据处理方式来进行的。

物理变性：预糊化淀粉，γ射线、机械研磨处理淀粉。

化学变性：用各种化学试剂处理得到的变性淀粉，这种变性淀粉有两大类，一类是使淀粉分子量下降，如酸解淀粉、氧化淀粉等；另一类是使淀粉分子量增加，如交联淀粉、酯化淀粉、醚化淀粉、接枝淀粉等。

酶法变性（生物改性）：各种酶处理淀粉，如α-环糊精、β-环糊精、γ-环糊精、麦芽糊精、直链淀粉等。

复合变性：采用两种以上处理方法得到的变性淀粉，如氧化交联淀粉、交联酯化淀粉等。采用复合变性得到的变性淀粉具有两种变性淀粉各自的优点。

糊精是由淀粉制造的，两者分子量不同，就像蛋白质与多肽的关系（图2-26）。乙酰化二淀粉磷酸酯就属于交联酯化淀粉，其溶解度、膨润力及透明度相比原淀粉明显提高；老化倾向明显降低，冷冻稳定性提高，可抗热、抗酸。

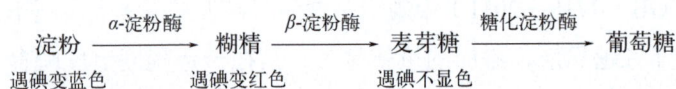

淀粉 $\xrightarrow{\alpha\text{-淀粉酶}}$ 糊精 $\xrightarrow{\beta\text{-淀粉酶}}$ 麦芽糖 $\xrightarrow{\text{糖化淀粉酶}}$ 葡萄糖

遇碘变蓝色　　　　遇碘变红色　　　　遇碘不显色

图2-26　淀粉水解过程

（2）乳酸钠

乳酸钠是无色或近于无色的糖浆状液体，熔点17℃，沸点140℃（分解）。乳酸钠可与水或醇混溶，其水溶液呈中性，无气味，易吸潮。乳酸钠主要用来作为水分保持剂、酸度调节剂、抗氧化剂、稳定剂、食品保鲜剂、调味剂、防冻剂。

乳酸钠的制备：将碳酸钠（或氢氧化钠）溶于水，慢慢加入乳酸中，加热至沸腾，使二氧化碳逸尽，调节pH至7，加活性炭脱色，过滤，滤液浓缩得乳酸钠。

乳酸钠在肉制品中有如下显著效果：

延长货架期，可延长30%至100%，甚至更长；

抑制食品中致病菌，如大肠杆菌、单核细胞增生李斯特菌、肉毒梭菌等的生长，从而增加食品安全性；

增强与保持肉的风味；

可减少氯化钠用量，同时乳酸钠对高血压患者、肾病患者来说更具安全性。

（3）瓜尔胶：天然增稠剂

瓜尔胶是从白色到微黄色的自由流动粉末，能溶于冷水或热水，遇水后能形成胶状物质，达到迅速增稠的功效。瓜尔胶是已知的最有效和水溶性最好的天然聚合物。其在低浓度下，可形成高黏度溶液，表现出非牛顿流变特性。

瓜尔胶利用天然瓜尔豆为原料，去除表皮及胚芽后所剩的胚乳部分（主要含有半乳糖和甘露糖），经干燥粉碎并加压水解后用20%乙醇溶液沉淀，离心分离干燥后与2,3-环氧丙基三甲基氯化铵反应制得。

人体最易吸收的胶原蛋白分子量在1500～3000D。因为在这个范围的胶原蛋白活性是最强的，使用时吸收效果也是最好的。分子量小于1500D的胶原蛋白就会不稳定。大家常说吃猪蹄猪皮补胶原蛋白，其实猪皮的胶原蛋白分子量在20000～100000D，而鱼皮的就在3000～6000D。

（4）黄原胶：增稠剂、稳定剂

黄原胶为浅黄色至白色可流动粉末，稍带臭味，易溶于冷、热水中，溶液呈中性，耐冻结和解冻，不溶于乙醇，遇水分散、乳化变成稳定的亲水性黏稠胶体。

（5）单硬脂酸甘油酯：乳化剂

单硬脂酸甘油酯为白色蜡状薄片或珠粒固体，受热熔化为透明液体，凝固点不低于58℃，无味、无臭、无毒，易溶于植物油，溶于热的乙醇、乙醚、氯仿和丙酮，不溶于水，与热水混合经强烈振荡后可分散于水中。单硬脂酸甘油酯具有亲水及亲油基因，具有润湿、乳化、起泡等多种功能。半数致死中浓度（LC_{50}）是 lethal concentration 50 的缩写，是指在动物急性毒性实验中，使动物半数死亡的毒物浓度。单硬脂酸甘油酯小鼠腹腔 LC_{50}：200mg/kg。

单硬脂酸甘油酯由甘油与硬脂酸酯化而得（图2-27）。将硬脂酸、甘油和氢氧化钠加入反应锅内，加热熔融后开始搅拌，通入氮气，加热，在185℃反应7h，反应结束时pH应小于5，降温出料，得单硬脂酸甘油酯。

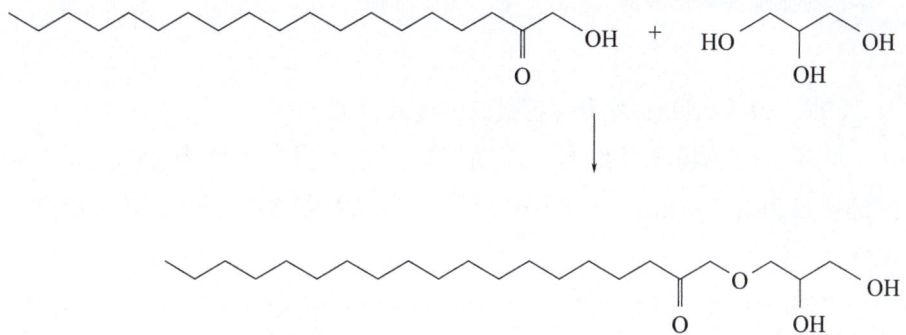

图2-27 单硬脂酸甘油酯的制备

（6）卡拉胶：乳化剂、稳定剂、增稠剂

卡拉胶的性状是白色或浅褐色颗粒或粉末，无臭或微臭，口感黏滑，溶于约80℃的水，形成黏性、透明或轻微乳白色的易流动溶液（图2-28）。

卡拉胶稳定性强，干粉长期放置不易降解。它在中性和碱性溶液中也很稳定，即使加热也不会水解，但在酸性溶液中（尤其是pH≤4.0），卡拉胶易发生酸水解，凝胶强度和黏度下降。值得注意的是，在中性条件下，若卡拉胶在高温中长时间加热，也会水解，导致凝胶强度降低。

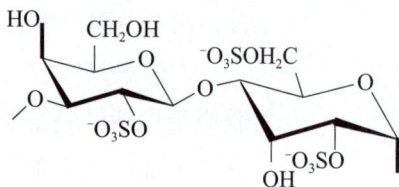

图2-28　卡拉胶结构式

卡拉胶的制备方法：将海藻洗净、晒干，放入提取锅中，加入30～50倍水（或适量碱液），用蒸汽（100℃左右）加热40～60min，过滤，边搅拌边向过滤出的提取液中加入醇类溶剂，离心分离，沉淀经滚筒干燥、粉碎可得产品。

知识拓展

为什么有的雪糕融化较慢？

乳化剂能提高原料的均匀性和稳定性，这样在凝冻的时候才不会形成不均匀的冰碴，它还能抓住原料中的脂肪小颗粒，锁住微小的气泡，最终形成柔软细腻的口感。

增稠剂可让原料变得更黏稠，常用的包括黄原胶、卡拉胶、瓜尔胶等，它的作用是在凝冻的过程中改变水的结晶形态，也能使融化的冰淇淋仍然黏附在表面，而不是滴得到处都是。

几种添加剂联合使用除了可以赋予冰淇淋爽滑的口感，还能增强冰淇淋的抗融性，降低融化速率，防止过快融化塌落。

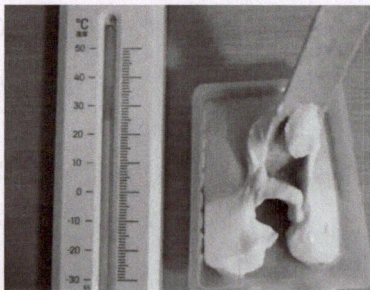

（7）三聚磷酸钠：水分保持剂、酸度调节剂

性质：白色粉末状结晶，流动性较好。Ⅰ型的密度为2.62g/cm³，Ⅱ型的密度为2.57g/cm³，熔点为622℃。三聚磷酸钠易溶于水，其水溶液呈碱性。

来源与制法：三聚磷酸钠由磷酸经纯碱中和成磷酸三钠十二水合物，再经缩合而成。生产磷酸的方法有湿法和热法两种。湿法是将磷矿和无机酸（通常用硫酸，也可用盐酸）反应后，经萃取、精制后即得磷酸。热法是在电炉中将磷矿与焦炭和硅石一起焙烧，磷矿物还原成磷，然后氧化、水合，即得磷酸。

水合性能：三聚磷酸钠因生成温度不同而有高温型（Ⅰ型）和低温型（Ⅱ型）之分，其区别在于两者的键长和键角不同，水合后均生成六水合物。

缓冲作用：三聚磷酸钠水溶液呈弱碱性（1%水溶液的pH约为9.7），它在水中形成悬浊液。

三聚磷酸钠还可以用作合成洗涤剂的助剂，对润滑油和脂肪有强烈的乳化作用，可用于调节缓冲皂液的pH。由于本身含磷，三聚磷酸钠应用容易造成水体富营养化，因此在洗涤剂助剂方面的应用逐渐减少，逐步被层状硅酸钠、分子筛等产品代替。

（8）焦磷酸钠：水分保持剂、酸度调节剂

无水焦磷酸钠是一种白色结晶粉末，在空气中易吸收水分而潮解；易溶于水，水溶液呈碱性，不溶于醇。水溶液在70℃以下尚稳定，煮沸时则水解成磷酸氢二钠。其具有较强的pH缓冲性，对金属离子有一定的螯合作用。

来源与制法：由磷酸氢二钠薄片在160～240℃之间发生加热聚合，经冷却后粉碎，制得无水焦磷酸钠成品。

（9）六偏磷酸钠：水分保持剂、增稠剂

性质：熔点616℃（分解），相对密度2.484g/cm³（20℃），易溶于水，不溶于有机溶剂，无色透明玻璃片状或白色粒状结晶，吸湿性很强，置于空气中能逐渐吸收水分而呈黏胶状物。六偏磷酸钠与钙、镁等金属离子能生成可溶性配合物。

来源与制法：由纯碱或烧碱溶液与磷酸进行中和反应，完成后继续加热到250℃，生成偏磷酸钠，再加热至620℃熔融并聚合成本晶，经骤冷制片（压粒）制得。食品级六偏磷酸钠则需在中和反应完成后进行除砷、除重金属等净化处理，再进行加热熔融制得。

即使是食品级的六偏磷酸钠中也会有微量的重金属铅等，还含有砷，砷会引起以皮肤色素脱失、着色、角化及癌变为主的全身性的慢性中毒；六偏磷酸钠中还有一定含量的氟化物，低浓度的氟化物会引起慢性中毒和氟骨症，使骨骼中的钙质减少，导致骨质增生硬化和骨质疏松。

（10）山梨酸钾：防腐剂、抗氧化剂、稳定剂

山梨酸钾为白色至浅黄色鳞片状结晶、晶体颗粒或晶体粉末，无臭或微有臭味，长期暴露在空气中易吸潮、被氧化分解而变色，易溶于水。以

碳酸钾或氢氧化钾和山梨酸为原料制得（图2-29）。

图2-29　山梨酸钾的制备

　　山梨酸和山梨酸钾的性能、用途相似，均能有效地抑制霉菌、酵母菌和好氧细菌的活性，从而达到延长食品保存时间的效果，并保持食品原有的风味。

　　由于山梨酸（钾）是一种不饱和脂肪酸（盐），它可以被人体的代谢系统吸收而迅速分解为二氧化碳和水，在体内无残留。LD（致死剂量）为504～920mg/kg（大鼠、经口），其毒性仅为食盐的1/2，是苯甲酸钠的1/40。

　　由于碳酸钾和苯甲酸钾的价格比山梨酸钾低，会有商家用这两者冒充山梨酸钾，但是碳酸钾不具备防腐作用，起不到山梨酸钾应有的抑菌效果，因为起抑菌作用的是山梨酸根，而不是钾离子。苯甲酸钾虽然有防腐作用，但是对人体有一定的毒副作用。

　　按照规定，正常的山梨酸钾的外观呈白色，而掺入了碳酸钾的山梨酸钾产品，在存放了大约3个月之后，会发生变色反应，由白色变为黄色或棕色。不法企业便在伪劣产品中添加化工原料增白剂，以增加产品的白度，掩盖劣变后产生的黄色或棕色。这些化工增白剂会对人体的健康产生严重危害。

　　（11）亚麻籽胶：增稠剂

　　亚麻籽胶（图2-30）为黄色结晶颗粒或白色至米黄色粉末，略有香味。其具有较高黏度、较强的水结合能力，并具有形成热可逆的冷凝胶的特性和较低廉的价格。它是以亚麻籽或籽皮为原料，经提取、浓缩精制及干燥等加工工艺制成的粉状制品。

　　（12）D-异抗坏血酸钠：抗氧化剂

　　性质：白色至黄白色晶体颗粒或晶体粉末，无臭、无味，200℃以上分解，在干燥状态下暴露在

图2-30　亚麻籽胶和亚麻种子

空气中相当稳定。但它在水溶液中与空气、金属、热、光发生氧化，易溶于水。

用途：是一种新型生物型食品抗氧、防腐、保鲜、助色剂，能防止腌制品中致癌物质亚硝胺的形成。LD_{50}（半数致死剂量）为大鼠经口15g/kg，小鼠经口9.4g/kg。

（13）红曲色素：着色剂

红曲色素为暗红色粉末（图2-31），带油脂状，无味、无臭。它溶于乙醇、丙二醇，不溶于水。红曲色素作为一种色调自然鲜亮，而且安全、稳定，具有一定医疗保健功效的着色剂，已广泛应用于食品、医药、化妆品等行业中，尤其是肉肠加工业。

红曲色素是将红曲米用乙醇抽提或从红曲霉的深层培养液中提取，再经结晶、精制得到的产物。红曲色素是多种色素成分的混合物。它的主要成分为红曲玉红素、红斑红曲素、红曲玉红胺、红斑红曲胺、安卡红曲黄素、红曲素。

红曲是中国古代的一项重大发明，宋朝时期已将红曲应用于食品及药物上，元朝已有红曲具有医疗功效的记载。长期以来中外许多学者的研究已充分显示了红曲色素具有极高的安全性，红曲色素在所有已知天然色素中具有极优良的稳定性，是我国食品法规允许使用的天然色素之一。近年来的研究进一步证实了红曲的医疗保健功效。

（14）乳酸链球菌素：防腐剂

乳酸链球菌素是白色至淡黄色粉末，是乳酸链球菌分泌的多肽物质，由34种氨基酸组成。

乳酸链球菌素（nisin）能有效抑制引起食品腐败的许多革兰氏阳性菌，如乳杆菌、明串珠菌、小球菌、葡萄球菌、李斯特菌等，特别是对产芽孢的细菌、如芽孢杆菌、梭状芽孢杆菌有很强的抑制作用。

乳酸链球菌发酵法是获得nisin的唯一途径。通过病理学家研究以及毒理学实验都证明nisin是完全无毒的，其可被消化道蛋白酶降解为氨基酸，无残留，不

图2-31 红曲色素及其制品

影响人体益生菌，不产生抗药性，不与其他抗生素产生交叉抗性。在包装食品中添加乳酸链球菌素，可以降低灭菌温度，缩短灭菌时间，降低热加工温度，减少营养成分的损失，改进食品的品质和节省能源，并能有效地延长食品的保存时间。nisin已经广泛地参与到乳制品、酒类、罐头制品等食品的防腐保护工作中。

（15）亚硝酸钠：护色剂、防腐剂

亚硝酸钠为白色至浅黄色粒状、棒状或粉末状晶体，有吸湿性，加热至320℃以上分解，在空气中慢慢氧化为硝酸钠，遇弱酸分解放出棕色三氧化二氮气体，溶于1.5份冷水、0.6份沸水，微溶于乙醇。亚硝酸钠水溶液呈碱性，pH约为9。亚硝酸钠有氧化性，与有机物接触能燃烧和爆炸，并放出有毒和刺激性的二氧化氮和一氧化氮气体。其中等毒性，LD_{50}（大鼠，经口）为180mg/kg。

亚硝酸钠作为食品添加剂，可以对鱼类、肉类食品进行染色和保鲜。原理是：亚硝酸盐夺取肌肉中乳酸的氢原子生成不稳定的亚硝酸，亚硝酸分解产生NO，生成的NO会很快与肌红蛋白或血红蛋白反应生成稳定、鲜艳、亮红色的亚硝基肌红蛋白和亚硝基血红蛋白，使肉制品保持稳定的鲜艳红色。反应式如下：

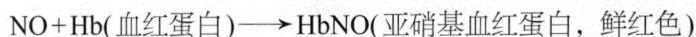

$$NO_2^- + CH_3CH(OH)COOH \longrightarrow HNO_2 + CH_3CH(OH)COO^-$$

$$3HNO_2 \longrightarrow HNO_3 + 2NO \uparrow + H_2O$$

$$NO + Mb(肌红蛋白) \longrightarrow MbNO(亚硝基肌红蛋白，鲜红色)$$

$$NO + Hb(血红蛋白) \longrightarrow HbNO(亚硝基血红蛋白，鲜红色)$$

亚硝酸钠还可以抑制肉毒杆菌的生长。肉毒杆菌可以产生肉毒杆菌毒素，造成食物中毒。亚硝酸钠的食品添加剂国际编码（INS）是250，因而有些食品标签上写明了使用250号添加剂，即亚硝酸钠。

亚硝酸钠是工业用盐，很像食盐。亚硝酸盐对人体有害，可使血液中的低铁血红蛋白氧化成高铁血红蛋白，失去运输氧的能力而引起组织缺氧性损害。亚硝酸盐不仅是致癌物质，而且摄入0.2～0.5g即可引起食物中毒，3g可致死。

区别亚硝酸钠和食盐的方法：可以把样品放入碘化钾的硫酸溶液中，再加淀粉，如果显蓝色就证明该样品是亚硝酸钠。亚硝酸钠由氢氧化钠与一氧化氮、二氧化氮混合反应制得，反应需要在无氧条件下进行，否则制得的亚硝酸钠很容易被氧化成硝酸钠。

（16）5'-核糖核苷酸二钠：增味剂

来源与制法：由酵母所得核酸分解、分离制得，或由发酵法制取。

性质：无色至白色结晶，或白色结晶性粉末，含约7.5分子结晶水，不吸湿，40℃开始失去结晶水，120℃以上成为无水物。5'-核糖核苷酸二钠与谷氨酸钠合用有显著的协同作用，会使鲜度大增，其溶于水，微溶于乙醇和乙醚。

用途：5'-核糖核苷酸二钠是较为经济而且效果最好的鲜味增强剂，是方便面调味包，调味品如鸡精、鸡粉和增鲜酱油的主要呈味成分之一；与谷氨酸钠（味精）混合使用，其用量约为味精的2%～5%，有"强力味精"之称；另外，本品还对迁延性肝炎、慢性肝炎、进行性脊髓性肌萎缩和各种眼部疾病有一定的辅助治疗作用。

2.4.3　认识其他常见食品添加剂

2.4.3.1　防腐剂

化学防腐剂应用范围较广，但存在一定毒副作用，如易中毒、有致癌性和致畸性。安全、高效、稳定的天然防腐剂，无添加、无毒害、绿色环保的防腐方法更受欢迎。化学类防腐剂有：丙酸（盐）、苯甲酸（盐）、山梨酸（盐）、肉桂酸、富马酸及其酯类、对羟基苯甲酸酯类、亚硝酸盐类等。此类防腐剂的作用原理是，先破坏微生物的细胞膜，使细胞内的蛋白质发生变性；同时抑制微生物细胞的呼吸酶及电子传递酶的活性。 接下来介绍几种化学防腐剂。

（1）苯甲酸及其盐类

苯甲酸及其盐的安全性只相当于山梨酸钾的1/40，日本已全面取缔其在食品中的应用。苯甲酸通过干扰霉菌和细菌等微生物细胞膜的通透性，阻碍细胞膜对氨基酸的吸收；进入细胞内的苯甲酸分子可酸化细胞内的储备碱，进而抑制微生物细胞内呼吸酶的活性，阻止乙酰辅酶A缩合反应，从而起到防腐作用。

分类：苯甲酸及其盐类主要包括苯甲酸和苯甲酸钠这两类。苯甲酸又称为安息香酸，故苯甲酸钠又称安息香酸钠。

苯甲酸：常温下难溶于水，空气（特别是热空气）中微挥发，有吸湿性，常温下溶解度大约为0.34g/100mL；但其溶于热水，也溶于乙醇、氯仿和非挥发性油。

苯甲酸钠：大多为白色颗粒，无臭或微带安息香气味，味微甜，有收敛味；易溶于水，常温下溶解度在53.0g/100mL左右，pH≈8；苯甲酸钠也是酸性防腐剂，在碱性介质中无杀菌、抑菌作用；其防腐最佳pH是2.5～4.0，在pH为5.0时5%的苯甲酸钠溶液杀菌效果也不是很好。苯甲酸钠亲油性较强，易穿透细胞膜进入细胞体内，干扰细胞膜的通透性，使用范围在0.2～1.0g/kg，水解方程式如下（图2-32）。

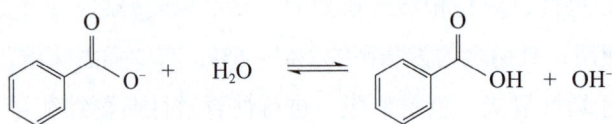

图2-32　苯甲酸盐水解方程式

（2）山梨酸及其盐类

山梨酸是白色结晶粉末或微黄色结晶粉末或鳞片状结晶，主要分为山梨酸、山梨酸钾和山梨酸钙三类品种。

山梨酸：不溶于水，使用时需先将其溶于乙醇或硫酸氢钾中，使用不方便且有刺激性，故一般不使用。

山梨酸钙：FAO/WHO规定其使用范围小，所以也不常使用。

山梨酸钾：为酸性防腐剂，具有较高的抗菌性能，抑制霉菌的生长繁殖，其主要是通过抑制微生物体内的脱氢酶系统，从而达到抑制微生物生长繁殖和起到防腐的作用。山梨酸钾对细菌、霉菌、酵母菌均有抑制作用，防腐效果明显高于苯甲酸类，是苯甲酸盐的5～10倍。它的产品毒性低，相当于食盐的一半。其防腐效果随pH的升高而减弱，pH=3时防腐效果最佳，pH达到6时仍有抑菌能力，但最低浓度不能低于0.2%。其毒性比尼泊金酯还要小，且易溶于水、使用范围广。

日允许量：25mg/kg。山梨酸钾是一种相对安全的食品防腐剂；可用于酱油、醋、面酱类、果酱类、酱菜类、罐头类和一些酒类等食品中。

（3）脱氢乙酸及其钠盐类

脱氢乙酸及其钠盐均为白色或浅黄色结晶状粉末，对光和热稳定，在水溶液中降解为醋酸，对人体无毒，是一种广谱型防腐剂，对食品中的细菌、霉菌、酵母菌有较强抑制作用。其广泛用于肉类、鱼类、蔬菜、水果、饮料类、糕点类等的防腐保鲜。脱氢乙酸及其钠盐的抑制有效浓度为0.05%～0.1%，一般用量为0.03%～0.05%。

（4）尼泊金酯类（对羟基苯甲酸酯类）

防腐机制：破坏微生物的细胞膜，使细胞内的蛋白质变性，并能抑制细胞的呼吸酶的活性。尼泊金酯的抗菌活性主要是其分子态在发挥作用，由于其分子中的羟基已被酯化，不再电离，pH为8时仍有60%的分子存在。因此，尼泊金酯在pH为4～8时均有良好的防腐效果，不随pH值变化而变化，性能稳定且毒性低于苯甲酸，是一种广谱型防腐剂。由于尼泊金酯类难溶于水，所以使用时先将其溶于乙醇中，为更好地发挥其防腐剂作用，最好将两种以上的尼泊金酯类混合使用。尼泊金乙酯一般用于水果饮料中。

（5）双乙酸钠

一种常用于酱菜类的防腐剂，安全、无毒，有很好的防腐效果，在人体内最终分解产物为水和二氧化碳。双乙酸钠对黑根霉、黄曲霉、李斯特菌等抑制效果明显。将0.2%的双乙酸钠和0.1%的山梨酸钾复配使用在酱菜产品中，有很好的保鲜效果。

（6）丙酸钙

白色结晶性颗粒或粉末，无臭或略带轻微丙酸气味，对光和热稳定，易溶于水。丙酸是人体内氨基酸和脂肪酸氧化的产物，所以丙酸钙是一种安全性很好的防腐剂。ADI（每日人体单位体重允许摄入量）对其不作限制规定。丙酸钙对霉菌有抑制作用，对细菌抑制作用小，对酵母无作用，常用于面制品发酵及奶酪制品防霉等。

（7）生物食品防腐剂

防腐剂主要是通过抑制食品中微生物繁殖或抑制脂类的过氧化反应来延缓或避免食品腐烂变质的。天然食品防腐剂具有安全性高、无毒副作用、水溶性好、热稳定性好、作用范围广等特点。

天然防腐剂来源较广，其中包括植物、动物以及生物。常见的植物天然防腐剂有茶多酚、功能性低聚糖、果蔬提取物、香辛料及其提取物、中草药及其提取物等。动物天然防腐剂有溶菌酶、抗菌肽、壳聚糖和蜂胶等。微生物天然防腐剂包括乳酸链球菌素、纳他霉素、ε-聚赖氨酸和食品级噬菌体等。

2.4.3.2　抗氧化剂

抗氧化剂分为天然抗氧化剂和化学抗氧化剂两种，化学抗氧化剂有丁基羟基茴香醚（BHA）、二丁基羟基甲苯（BHT）、没食子酸丙酯（PG）等（图2-33），天然抗氧化剂有茶多酚、植酸等。

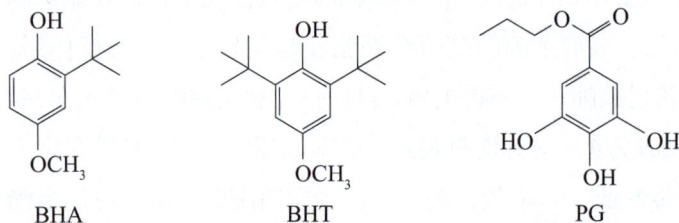

图2-33　部分抗氧化剂结构式

油脂氧化的过程中会产生许多短链羰基化合物，如醛、酮、羧酸等，这是产生酸败和劣异味的主要物质，而大量过氧化物的存在，对人体也会产生不良影响。脂类的氧化是含脂食品品质劣化的主要原因之一，它使食用油脂及含脂肪食品产生各种异味和臭味，统称为酸败。氧化反应会降低食品的营养价值，某些氧化物可能有毒性。油脂氧化以自动氧化最具代表，还有其他的氧化途径，如油脂的光敏氧化、酶促氧化或热氧化。

脂类的自动氧化反应是典型的自由基链式反应，具有以下特征：脂类自动氧化的自由基历程可简化成3步，即链引发、链传递和链终止。一旦这些自由基相互结合生成稳定的非自由基产物，则链式反应终止。

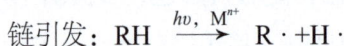

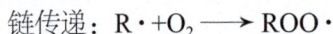

链引发：$RH \xrightarrow{hv, \ M^{n+}} R \cdot + H \cdot$

链传递：$R \cdot + O_2 \longrightarrow ROO \cdot$

$ROO \cdot + RH \longrightarrow ROOH + R \cdot$

链终止：$R \cdot + R \cdot \longrightarrow R—R$

$R \cdot + ROO \cdot \longrightarrow ROOR$

$ROO \cdot + ROO \cdot \longrightarrow ROOR + O_2$

抗氧化剂是指能抑制或阻止食品发生氧化反应的所有物质。抗氧化剂种类繁多，其作用机制也不尽相同，但一般都依赖其还原性。一种方式是抗氧化剂自身氧化，消耗食品内部和环境中的氧，终止自动氧化的链式反应，从而保护食品不受氧化；另一种方式是抗氧化剂通过抑制氧化酶的活性而防止食品氧化变质。例如，亚硫酸和亚硫酸盐易氧化成磺酸盐和硫酸盐，两者是干果类食品中有效的抗氧化剂。

各种抗氧化剂的抗氧化效果不同，且几种抗氧化剂的组合会有更好效果，显示出协同效应，但协同效应的机制还不清楚。例如，抗坏血酸和酚类抗氧化剂合用就具有明显的协同效应，但抗坏血酸不溶于脂肪，要使它达到最佳效果，必须增大其亲油性，方法是将抗坏血酸用脂肪酸酯化形成诸如L-抗坏血酸棕榈酸酯这类化合物，就能达到效果。

铜离子和铁离子等过渡金属离子是脂质氧化的助氧化剂，加入螯合剂如柠檬酸或乙二胺四乙酸（EDTA），可使之钝化，因此螯合剂可作为抗氧化剂的增效剂，而它们单独使用时，并无抗氧化作用。

最常用的食品抗氧化剂是酚类物质，如目前国内外使用比较多的抗氧化剂是BHA、BHT、PG。近几年来，许多天然抗氧化剂，如生育酚、茶多酚、甘草提取物、植酸、松柏醇、愈创木脂以及愈创木脂酸等已在食品加工和储藏中得到应用。

2.4.3.3　保鲜剂

用于保持食品原有的色香味和营养成分的添加剂，可以分为物理保鲜剂、化学保鲜剂和生物保鲜剂。物理保鲜方法有醋藏、盐藏、糖藏和烟熏等。农产品常被施加化学保鲜剂，使其内部病原微生物得到抑制或被杀死，以达到保鲜效果。

2.4.3.4　乳化剂

乳化剂是指能改善乳化体中各种构成相之间的表面张力，形成均匀分散体或乳化体的物质，用量约占食品添加剂总量的1/2。食品乳化剂是一类多功能的高效食品添加剂，除了具有典型的表面活性之外，在食品中还具有消泡、增稠、稳定、润滑、保护等作用。

49种食品乳化剂需在规定的食品分类及最大使用量范围内使用，其中可在各类食品中按生产需要适量使用的有12种。另外，可在各类食品加工过程中使用，且残留量不需限定的食品乳化剂有3种，即单双甘油脂肪酸酯、磷脂和甘油。

啤酒糟是啤酒酿造工艺过程中的主要副产物，通过分馏的方法分离小麦啤酒糟中的非谷醇溶蛋白和谷醇溶蛋白，研究结果表明，来源于小麦啤酒糟的非谷醇溶蛋白组分可以作为一种新型的植物基乳化剂，在食品工业中具有较高的应用价值。牛油果是一种富含油脂的热带水果，其脂质中，磷脂含量非常高。从牛油果中分离出磷脂，并将其用于制备乳液。研究结果表明，牛油果磷脂可以形成并稳定乳液，在食品、化妆品以及医药等领域具有很高的潜在应用价值。

2.4.3.5 增稠剂

在食品工程中食品增稠剂添加量很少，通常只占制品总重的千分之几。在肉制品中主要的增稠剂有淀粉及变性淀粉、大豆蛋白、明胶、卡拉胶、复合食用胶、黄原胶、瓜尔胶等。0.5%的结冷胶与1%的魔芋胶应用于低脂香肠中（脂含量18%），不仅感官接受性与高脂香肠（脂含量28%）基本一致，而且可以在保证较理想的货架期同时还达到降低产品脂含量的目的。

2.4.3.6 食用香料

从化学结构上看，各种香料组分的分子量均较低，挥发性及水溶性有相当大的差异。它们通常具有某种特征官能团，如乙酸乙酯等酯类化合物呈水果香，3-甲硫基丙醛呈土豆、奶酪或肉香。

食用香料分为合成香料和天然香料。

（1）天然香料

我国的香料品种有很多。常用的天然香料有八角、茴香、花椒、姜、胡椒、薄荷、橙皮、丁香、桂花、玫瑰、肉豆蔻和桂皮等。它们不仅呈味、赋香，而且有杀菌功能（如蒜受热或在消化器官内酵素的作用下生成大蒜素，有强杀菌力），还含有多种维生素（如洋葱含大量维生素B）。

（2）合成香料

食用香精是参照天然食品的香味，采用天然和等同天然的香料、合成香料精心调配而成，具有天然风味的各种香型的香精。其包括水果类、乳类、肉类、蔬菜类、坚果类、蜜饯类以及酒类等各种香精，适用于饮料、饼干、糕点、冷冻食品、糖果、调味料、乳制品、罐头、酒等食品中。

食用香精一直被认为是一种"自我限量"的添加物，它的添加量往往受到消费者的接受程度的控制。其在单一食品中的含量并不高，但是如果将它们在人们消费的各种食品中的量累加起来，这个总量便不容忽视。

2.4.3.7 色泽处理剂

（1）天然食用色素

天然食用色素有红曲色素、姜黄素、甜菜红、红花黄色素、胡萝卜素、虫胶红色素、越橘红等。通过亚硝酸盐保护肉中的色素不被破坏，对身体危害极大。但提取辣椒红素用于罐头等肉制品中，不但健康美味、稳定性好，而且取得了较好的发色效果。代替亚硝酸盐的3种天然色素，分别是亚硝基血红蛋白素、红曲色素和高粱红色素。亚硝基血红蛋白素不但能保证肉制品鲜亮的颜色，还能降低亚硝酸含量；红曲色素赋予肉类特殊的风味，还有抑菌作用；高粱红色素耐光性较好，添加在肉制品中使其颜色柔和、自然。

（2）合成食用色素

常见的合成食用色素有苋菜红、胭脂红、柠檬黄、日落黄、靛蓝等。

合成食用色素多以苯、甲苯、萘等化工产品为原料，经过磺化、硝化、偶氮化等一系列有机反应而制成，大多含有R—N═N—R'、苯环或氧杂蒽结构。一些合成食用色素具有一定毒性，必须严格控制食用品种、范围和数量，限制每日允许摄入量。

胭脂红作为一种偶氮化合物，在体内经代谢生成β-萘胺和α-氨基-1-萘酚等具有强烈致癌性的物质。

柠檬黄（又称酒石黄），分子式为$C_{16}H_9N_4Na_3O_9S_2$，化学名称为1-(4-磺酸苯基)-4-(4-磺酸苯基偶氮)-5-吡唑啉酮-3-羧酸三钠盐。柠檬黄是一种水溶性合成色素，它安全性比较高，基本无毒，不在体内贮积，绝大部分以原形排出体外，少量可经代谢，其代谢产物对人无毒性作用。其在不同的食品中使用量限制不同，如可可制品、巧克力及其制品（包括代可可脂巧克力及其制品）和糖果中使用的剂量不能超过0.1g/kg。

2.5　解密食品加工过程

2.5.1　淀粉糊化

糊化（gelatinization），一般是指淀粉的糊化，是指将淀粉混合于水中并加热，达到一定温度后，淀粉颗粒溶胀、破裂，淀粉分子从颗粒中游离出来与水分子间形成氢键，淀粉颗粒的结晶结构逐渐消失，最终形成黏稠均匀的透明糊状物的过程。

糊化反应分为3个阶段。

（1）可逆吸水阶段

室温条件下，淀粉不会发生任何性质的变化。存在于冷水中的淀粉经搅拌后成为悬浊液，若停止搅拌淀粉颗粒又会慢慢重新下沉。颗粒吸收少量的水分使其体积略有膨胀，但未影响颗粒中的结晶部分。

（2）不可逆吸水阶段

受热加温时，水分子开始逐渐进入淀粉颗粒内的结晶区域。淀粉分子间的氢键断裂，淀粉颗粒内结晶区域则由原来排列紧密的状态变为疏松状态。

（3）颗粒解体阶段

环境温度继续提高，淀粉颗粒继续吸水膨胀到一定限度后，出现破裂现象，颗粒内的淀粉分子游离出来，向各方向扩散，溶液黏度增大。

日常生活中常见的淀粉糊化过程是将藕粉调制成藕粉糊的过程及粥的煮制过程。

2.5.2 美拉德反应

美食的制作过程本质上是复杂的化学反应，其中最著名的是美拉德反应（Maillard reaction）。1912年法国化学家L. C. Maillard发现氨基酸或蛋白质与葡萄糖混合加热时形成褐色的物质。后来人们发现氨基酸或蛋白质能与很多糖反应，这类反应不仅影响食品的颜色，而且对食品的香味也有重要作用。

亮氨酸与葡萄糖在高温下反应，能够产生令人愉悦的面包香。温度不太高时，美拉德反应产生的褐色物质无毒，且香气扑鼻、色泽诱人，是使红烧肉成为美食的功臣（图2-34）。

2.5.2.1 反应机理

美拉德反应对食品风味、色泽和营养有重要影响，同时与生命体的生理和病理过程密切相关，是国际研究热点。温度、时间、浓度、含水量、pH、盐度均对反应有影响。美拉德反应是非酶促褐变（non-enzymatic browning）反应，是羰糖类物质的羰基化合

图2-34 红烧肉和烤红薯

物和蛋白质氨基之间发生的一系列氧化、环化、脱水、缩合等反应，最终生成棕色甚至黑色的大分子物质类黑素。美拉德反应分为初期、中期和末期三个阶段。

初期阶段：风味前体物质形成，该阶段主要包括羰氨缩合和分子重排反应。首先是氨基化合物（蛋白质、多肽或氨基酸）的氨基与糖的羰基发生亲核加成反应生成席夫碱（Schiff base）。席夫碱会发生重排反应，分为两种情况：若体系中有醛糖存在，则经Amadori重排生成中间体1-氨基-1-脱氧-2-酮糖；若有酮糖存在，则经Heyns重排形成中间体2-氨基-2-脱氧-1-醛糖。

中期阶段：风味物质的形成。根据反应条件不同，Amadori重排产物能发生1,2-烯醇化和2,3-烯醇化。在pH ≤ 7条件下，1,2-烯醇化生成3-脱氧糖酮，经脱水、脱氨和环化形成糠醛及其衍生物；在pH > 7且温度较低条件下，发生2,3-烯醇化生成1-脱氧糖酮，经脱氨后生成活泼的二羰基化合物和还原酮。

另外，体系中的 α-氨基酸在体系中的邻二酮（1-脱氧糖酮和少量3-脱氧糖酮）的促进下相继经过脱水生成亚胺，亚胺重排，脱羧基，亚胺水解反应生成具有香味的醛以及 α-氨基酮，这个过程称作Strecker降解。α-氨基酮可进而转化为具有香味的吡嗪。

末期阶段：以类黑素（melanoid）的形成为核心，该阶段的反应非常复杂，反应机理尚不明确。中期阶段生成的高活性化合物会进一步发生脱水、分解、环化、聚合等一系列反应，形成类黑素、更高级的不饱和醛和各种衍生的挥发性化合物。此外，醛类，尤其是不饱和醛很容易通过醛胺缩合反应转化为结构复杂的类黑素（图2-35）。

2.5.2.2　食物中的糖类物质与氨基化合物来源

美拉德反应中食源蛋白质、多肽和氨基酸物质的来源见图2-36。植物蛋白水解物来源主要包括豆类、谷类，动物蛋白水解物来源主要包括乳类、肉类、蛋类和水产类等。

含有羰基的糖类物质（即还原糖）都能与食源性蛋白质、蛋白水解物/多肽发生美拉德反应，如葡萄糖、果糖、半乳糖、乳糖和麦芽糖等。这些糖类物质的主要来源是谷类、薯类、根茎类、菌类、乳及乳制品等（图2-37），如稻谷、小麦、马铃薯、木耳、水果、蔬菜、牛乳等。

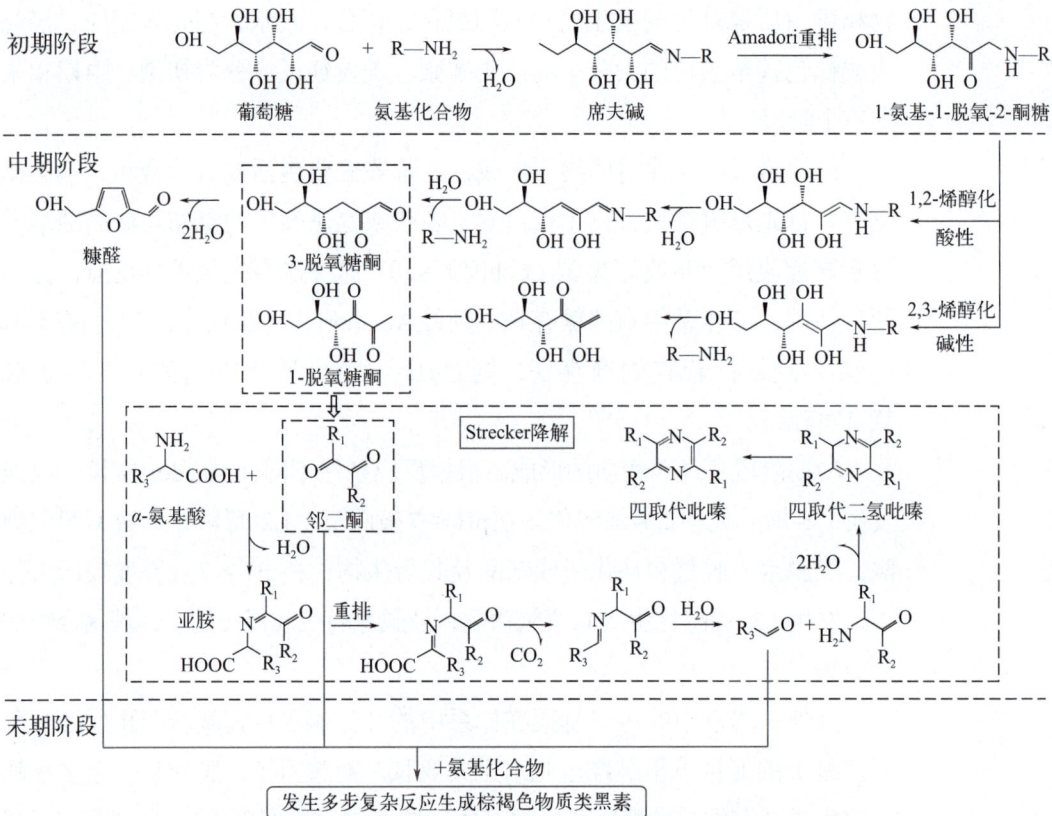

图2-35 美拉德反应过程

豆类、谷物

乳及乳制品、蛋类

肉类、水产类

图2-36 食物中的蛋白质来源

106

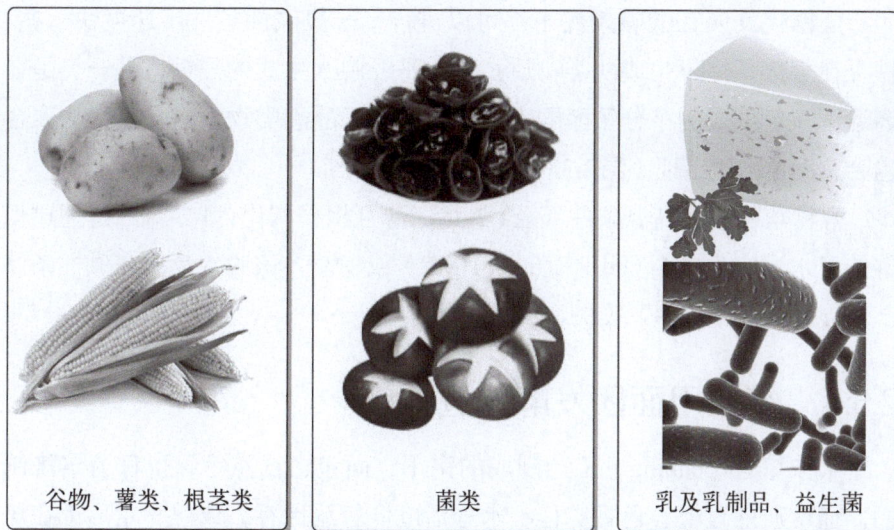

| 谷物、薯类、根茎类 | 菌类 | 乳及乳制品、益生菌 |

图2-37　食物中的还原糖来源

2.5.2.3　美拉德反应的危害

Maillard反应赋予食品一定的深颜色，比如面包、咖啡、红茶、啤酒、糕点、酱油的颜色，这些食品颜色的产生都是我们期望得到的。但有时Maillard反应的发生又是我们不期望的，比如乳制品加工过程中，如果杀菌温度控制不好，乳中的乳糖和酪蛋白发生Maillard反应会使乳呈现褐色，不仅影响了乳制品的品质，还会产生有毒物质丙烯酰胺。

丙烯酰胺是一种白色晶体化学物质，分子式为C_3H_5NO。淀粉类食品在高温（$>120℃$）烹调下容易产生丙烯酰胺。WHO将水中丙烯酰胺的含量限定为$1\mu g/L$。丙烯酰胺对中枢神经系统有危害，且可能致癌，对眼睛和皮肤亦有强烈的刺激作用。

2.5.3　焦糖化反应

有很多高手烧的红烧肉不仅味道很好，而且色泽也很诱人，这是因为他们加糖适量、火候处理得当，不仅发生了美拉德反应，还发生了焦糖化反应。焦糖化反应是指糖类尤其是单糖，在没有氨基化合物存在的情况下加热到熔点以上的高温（一般是$140 \sim 170℃$）时，因糖发生脱水与降解而产生褐变的反应，又称卡拉密尔作用。实际上，我们平时食用的酱油、醋、啤酒、可口可乐等佐料和饮料的颜色全靠焦糖着色。如果学会了用纯糖着色法烧红烧肉，就不用酱油了。

焦糖化反应在酸碱条件下都可以进行，一般碱性条件下速度快一些。糖类在强热条件下生成两类物质：一类是经脱水生成的焦糖，另一类是在高温下裂解生成的小分子醛酮类物质，小分子醛酮类物质进一步缩合聚合也会有深色物质出现（图2-38）。

醛糖与酮糖在高温条件下经1,2-烯二醇互相异构化；1,2-烯二醇通过相继的脱水反应生成5-羟甲基糠醛（HMF）或糠醛，该脱水反应在碱性条件下较慢，在酸性条件下较快。

2.5.4　焙烤用面团发酵的过程

采取焙烤（baking）工艺制成的饼干、面包、糕点等，也称为焙烤制品，通常质地疏松、色香味佳、水分活度低较耐保存，成熟和定形都在焙烤工艺中完成。主要配料包括面粉、酵母、糖和油脂（图2-39）。

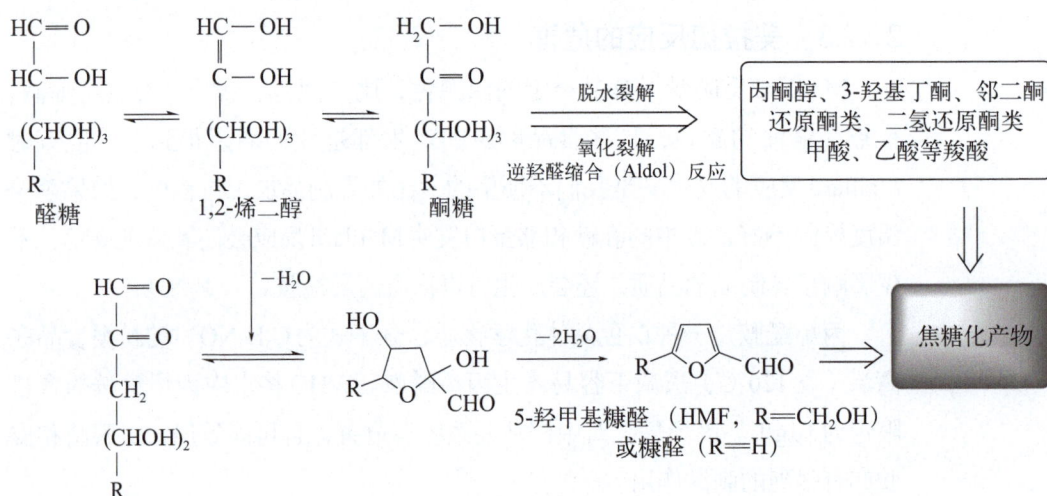

图2-38　焦糖化反应过程

　　　　(a)　　　　　　　(b)　　　　　　　(c)　　　　　　　(d)

图2-39　面粉（a）、酵母（b）、糖（c）和油脂（d）

加入的配料中：糖可以抑制面筋网络的形成，使面包柔软，增加面包的风味，使面团中孔隙均匀；油脂增加面团的可塑性，使其易定形。

酵母使面团发酵而产生大量二氧化碳气体，蒸煮过程中，二氧化碳受热膨胀，于是面团就变得松软。其影响因素有温度、酵母的发酵力及用量、面粉的质量、面团中的含水量、糖的加入量等。发酵有以下三种程度。

发酵成熟：面包体积大，内部组织均匀，气孔壁薄呈半透明，具有酒香和酯香，口感松软，富有弹性。

发酵不足：面包体积小，内部组织粗糙，风味平淡，香气不足，口感不佳，面包表皮色泽深。

发酵过度：面包在烤炉中起发大，但出炉后易塌陷，收缩变形，这是面筋被过度延伸的结果；内部组织有大气孔，不均匀，酸味大，有异味。

焙烤是指在热作用下，使生面包坯变成结构疏松、易于消化、具有特殊香气、表面为褐色的面包。面包坯入炉后在高温作用下，将发生以下一系列变化。

a.面包坯的品温随热处理时间的延长而发生变化。

b.体积增长阶段：面包坯初入炉几分钟内，品温在45℃以下时，酵母菌生命活动旺盛，产生大量CO_2，以及面包坯气孔中原积存的CO_2受热扩张，促使面包坯剧烈膨大。

c.定形阶段：面包坯中蛋白质受热，60 ～ 70℃时开始变性凝固，失去可塑性，面包体积不再继续增大。

d.上色阶段：品温继续升高，面包表皮相继发生美拉德反应及焦糖化反应，使面包表皮变成金黄色或褐棕色。

2.5.5 能 "沸腾" 的泡腾片

泡腾片通常是$NaHCO_3$（碳酸氢钠，也就是俗称的小苏打）和有机酸（类似酒石酸、柠檬酸、富马酸等）组成的混合物，当它们遇水时就会发生酸碱反应，产生CO_2（二氧化碳）而达到泡腾效果（图2-40）。

在未加入水中时，泡腾片中的组分均为固态，是非均相体系，所以反应速度很慢。一旦加到水里，就

图2-40　泡腾片在水里的画面

都变成水溶液了，反应速度加快，产生大量二氧化碳，在泡腾片表面形成大量微孔，增大表面积（增大被水分子碰撞的概率），从而加速药片中维生素的溶解。

2.5.6　豆腐的制作过程

大豆源于我国，已有几千年的栽培、食用历史。我国古代通称豆类为"菽"，属于"五谷"中的一类（图2-41）。

豆腐是我国传统豆制食品，营养丰富，历史悠久。到明清时期，各种豆腐及其他豆制品制作工艺均已成熟，形成了传统豆制品系列，遍及大江南北，并通过邻邦经亚洲走向世界。

（1）豆腐的制作过程

① 研磨　传统大豆制品豆腐、豆腐干等都属于高度水化的大豆蛋白质凝胶，其制作工艺实质是提取大豆蛋白并制成不同性质的蛋白质凝胶的过程。大豆蛋白存在于大豆子叶中，外面有一层由纤维素、半纤维素及果胶质等组成的较坚固的膜，做豆腐要用水浸泡大豆，使这层膜和其他蛋白质组织一起吸水溶胀、变软，经研磨分散于水中，形成相对稳定的蛋白质溶胶——生豆浆。

生豆浆中胶粒（1 ~ 100μm）为蛋白质分子集合体，蛋白质分子的疏水基团趋向胶粒内部，亲水基团趋向胶粒表面。亲水基团的氧原子和氮原子有未共用电子对，能吸引水分子的氢形成氢键，结果使水分子把胶粒包围起来构成水化膜，同时胶粒表面的亲水基团会因电离而静电吸引水合离子形成静电吸附层，在胶粒表面构成双电层。在水化膜和双电层的保护下，胶粒难以聚集，使生豆浆处于一种亚稳态。

② 加热　加热生豆浆可提高体系内能，蛋白质分子某些基团的振动频率与振幅加大，多肽链由卷曲到伸展，同时分子间的疏水基团和巯基形成分子间的疏水键和二硫键，使胶粒间发生一定程度的聚结。随着聚结的进行，蛋白质胶粒表面静电荷密度及亲水基团增加，加之豆浆中蛋白质浓度较低等原因，胶粒之间聚结受限，因而形成一种新的相对稳定的前凝胶体系——熟豆浆。

宏观上看，生、熟豆浆没区别，但它们的蛋白质分子是不同的：前者为未变性蛋白质，分子量小于60万；后者为分子结构已发生变化的变性蛋白质，分子量可达800万以上。此外，大豆蛋白质在形成前凝胶过程中可与少量脂肪结合，形成能使豆浆产生香气的脂蛋白。脂蛋白的量随着煮沸时间延长而增加。熟豆浆为豆腐的半成品，可供饮用。

③ 点豆腐　向熟豆浆中加入卤水或石膏等电解质凝固剂，使大豆蛋白质溶胶变为凝胶的胶凝过程，称点浆或点脑。电解质能促进蛋白质变性，同时一个Mg^{2+}或一个Ca^{2+}能与两个蛋白质多肽链中的氧键或氮键结合，无数个钙、镁离子就把许多个蛋白质胶粒连接起来，形成立体网状结构，并把水包围在网络中。随着点豆腐过程的进行，静置和压榨，网状结构越来越多，最终形成凝胶状的豆腐。

④ 蹲脑　豆腐脑形成比较快，刚形成的豆腐脑凝胶网络结构不稳定，也不完整，需要在保温和静置条件下放一段时间使结构完善和巩固，即蹲脑。这是凝胶网络形成的第二阶段。将经过蹲脑强化的凝胶，适当加压，排出一定量的自由水，就可得到有一定形状、弹性、硬度和保水性的凝胶体——豆腐。

（2）其他大豆制品

大豆制品包括发酵制品（腐乳、豆豉、纳豆、酱油等）和非发酵制品（豆腐、豆腐干、冻豆腐、腐竹、豆芽等）两大系列（图2-42）。

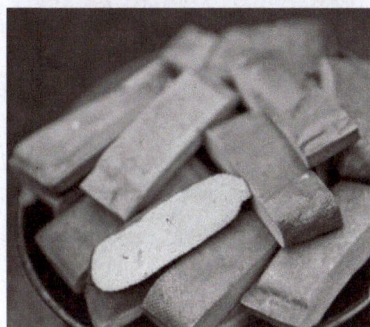

例如腐乳，约创始于明朝，一般是将豆腐坯接种毛霉菌发酵制成的。发酵时蛋白质在蛋白酶等作用下分解为多种氨基酸并发生酯化反应。

组构化大豆蛋白，使原本没有像肉类那样的组织结构和咀嚼性的大豆蛋白，变为有咀嚼性和良好保水性的片状或纤维状蛋白食品。腐竹就是其中一种，它是由豆浆在95℃保持几小时，因表面水分蒸发和热凝结作用形成的膜制成的。

图2-42　豆豉和豆腐干

第3章

化妆品与
洗涤用品

3.1 化妆品的发展概况

3.1.1 从古美到今

人类使用化妆品已有几千年的历史了。在我国殷商时代就已使用胭脂，战国时期的妇女就以白粉敷面、以墨画眉。在国外使用化妆品最早的国家是埃及，如用大量香料保存尸体，以维持其生前容貌。

中国化妆品品牌活化石戴春林承载400多年中国美的历史。明朝末年，戴春林运用中药炮制理论衍生出的"三染""三法"美妆工艺，以米粉、豆粉、珍珠粉、茯苓粉、益母草粉、花粉、蛋清等天然物质为原料进行研磨加工，赋予了传统香粉更多的美容、护肤、芳香功能。

事实上，口红在5000年前就出现了，据考古学家发现：世界上第一支口红出现在苏美尔人的城市乌尔，古埃及人也使用口红，而且男女都会用。在1920年之前的西方某些国家，好姑娘们是不会涂口红的，甚至在维多利亚女王时期，口红是特有人群的专属品。直到1920年左右，很多女权主义者都涂上了口红，并把口红视为一种妇女解放的象征，口红逐渐开始普及。在"二战"期间化妆品完全没有受经济衰落的影响，反而成为保证女性权益的一大"武器"。当时美国很多著名影星也推崇口红（图3-1），在电影、海报中，那涂着艳丽口红的唇总为她们增添了多姿的风韵。

图3-1 不同类型的口红

3.1.2 化妆品的研究趋势

（1）保证原料的安全性和产品的质量控制

化妆品是由多个成分或原料组成的配方体系，原料是化妆品的基础，也是化妆品安全性和功效性的保障。近几年流行的"成分党"通过产品中所含的某种成分及其功效来对产品进行相应的评判。化妆品中的所有成分必须是安全的、有规格和验收标准的，安全的化妆品原料是高质量的。

（2）明确功效和作用机制

化妆品的功效宣称需要按国家标准和要求进行。活性成分的研究需要用科学的方法并阐明其作用机制，其中体外功效评价方法包括建立2D和3D细胞组织模型，这是原料、产品功效和作用机制探讨的主要手段，将会得到大力发展。

（3）简洁和中医药特色的天然功能性化妆品

消费者崇尚自然，追求安全的天然原料或产品已成为化妆品行业发展的趋势。如何基于中医药的理论和发酵等生物技术，对中药和复方进行研究，寻找其中有效成分，使之在化妆品中得到正确应用，这是消费者和化妆品市场的需要，也是我们需要努力的方向。

（4）新原料和新技术的应用

发酵技术和合成生物学技术对活性成分的发现和降低原料成本具有重大意义，与之相关的皮肤生理研究、纳米技术和透皮吸收等研究也将继续成为化妆品科技创新、建立自己特色原料和产品的重要手段。

3.2 走近化妆品

3.2.1 化妆品的概念

化妆品指有清洁、保护、美化、修饰等作用的日用化学工业产品，使用方法包括涂抹、喷洒等，产品类型有洗发香波、牙膏、除臭剂、化妆品、香水、护肤品等。

3.2.2 化妆品的分类

化妆品分类及其主要制品如表3-1所示。

表3-1　化妆品分类及其主要制品

分类	主要制品
护肤类化妆品	洗面奶（清洁）、水乳（润肤）、面霜（保护）

分类	主要制品
毛发化妆品	洗发香波（洗发）、护发素（护发）、烫发化妆品（烫发）、染发化妆品（染发）、头发漂白剂（脱色）、生发剂（生发育发）
口腔卫生用品	牙膏（洁齿）、口腔清新剂（口腔清爽）
美容化妆品	粉底霜（基础美容）、眼影（重点美容）、指甲油（指甲化妆）
特殊用途化妆品	美白身体乳（美白）、防晒霜（防晒）
芳香化妆品	香水、花露水

3.3　化妆品的有效成分

3.3.1　护肤类化妆品

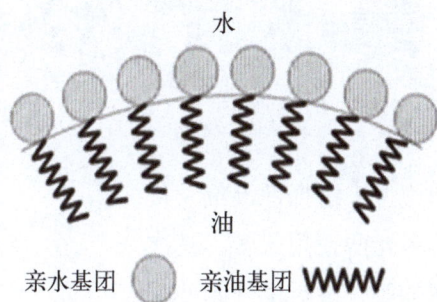

水

亲水基团 ⬤　　亲油基团 〰〰

油

图3-2　表面活性剂

洗面奶是市面上出现的常见洁面产品之一，洗面奶中真正起清洁作用的实际上就是表面活性剂（图3-2）。表面活性剂是一种显著降低溶液表面张力的物质，从分子结构上看，表面活性剂同时存在亲水基团和亲油基团，因此也被称为双亲分子。

"懒起画蛾眉，弄妆梳洗迟。"清洁和化妆总是紧密相连的，没有洗面奶、洗衣粉的时候，人们又是如何清洁的呢？

在非常古老的时候，人们就开始用草本植物燃烧后留下的灰烬制成"灰水"来洗头、洗衣服。草木灰的主要成分是强碱金属和弱酸根所组成的离子型化合物——碳酸钾（K_2CO_3）。碳酸钾是一种盐类物质，其溶于水后会电离出碳酸根离子（$K_2CO_3 \rightleftharpoons 2K^+ + CO_3^{2-}$），碳酸根离子会发生水解反应（$CO_3^{2-} + H_2O \rightleftharpoons HCO_3^- + OH^-$，$HCO_3^- + H_2O \rightleftharpoons H_2CO_3 + OH^-$），导致溶液中的氢氧根离子浓度大于氢离子浓度，使溶液呈碱性，便可以用来去污。

除了植物燃烧所得的灰烬，古人还会人工种植皂角树来获得果实"皂角"［图3-3（a）］，皂角的种子中具有丰富的皂苷。皂苷是一大类有机分子，是能形成水溶液或胶体溶液并能形成肥皂状泡沫的植物糖苷的统称。皂苷主要包含苷元（糖苷类化合物中与糖缩合的非糖部分）和糖链，例如大豆皂苷。苷元具有亲油性，而糖链具有很强的亲水性，这种结构决定了皂角为一种天然表面活性剂，可以用作清洁产品。水中的表面活性剂具有界面活性，游离的表面活性剂可以逐步吸附于皮肤的油脂上，亲水基团朝向水相，亲油基团朝向油脂。随着吸附聚集过程的持续，皂苷分子将油脂包围起来，包裹油脂的聚集体从皮肤脱离后进入水相，最终被水带走，就完成了整个清洁过程［图3-3（b）］。

在《红楼梦》中阐述大观园的夫人小姐们吃了螃蟹后，要用"菊花叶儿、桂花蕊熏的绿豆面子"来洗手。人们会使用豆粉来去污、去异味。再后来豆粉作为清洁用品不断发展，出现了以豆粉、猪胰为主要原料的澡豆［图3-3（c）］。

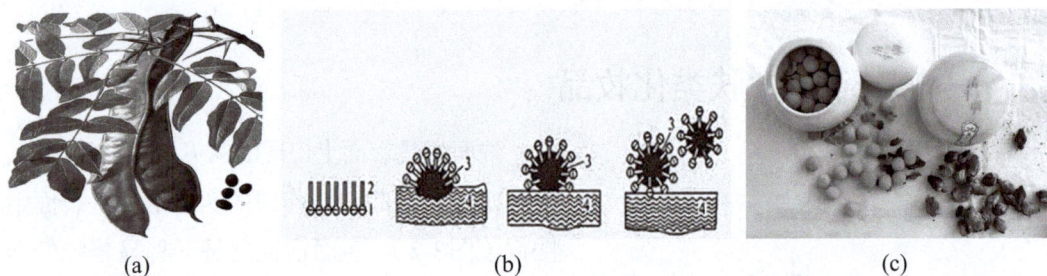

(a)　　　　　　　　　　(b)　　　　　　　　　　(c)

图3-3　皂角、去污过程和澡豆

对化妆品来说，最好模仿天然保湿机制、结构模型来选择保湿剂。化妆品中使用的保湿剂，以甘油、丙二醇和山梨醇等多元醇使用最多，其次是自然保湿因子的主要成分吡咯烷酮羧酸盐和乳酸盐等，最近也开始使用微生物制剂透明质酸钠、尿囊素以及其他天然保湿剂。

3.3.1.1　化学合成保湿剂

（1）多元醇类保湿剂

多元醇是化妆品工业中广泛使用的原料、保湿剂和稳定剂。化妆品中多元醇类保湿剂主要包括丁二醇、聚乙二醇、丙二醇、乙二醇、甘油等。虽然多元醇类保湿剂具有良好的保湿效果，但过量使用某些多元醇也有潜在的危险。研究表明，高浓度的丙二醇和乙二醇暴露会严重损害健康。例如，乙二醇会引起呕吐、惊厥、言语不清、精神错乱、胎儿畸形等，此外还会使身体中的酸性增加，从而影响代谢。多元醇类化合物由于具有多个羟基，与水有较好的亲和性，可用作化妆品的保湿剂。

甘油是最早使用的保湿剂，无色、无臭，是一种比较黏稠的液体。丙二醇的外观和物理性质很像甘油，但与甘油相比，其黏度低，使用感好，在化妆品中可与甘油、山梨醇配合使用作保湿剂。

（2）乳酸钠

乳酸钠（图3-4）是一种无色或微黄色透明糖浆状液体，有很强的吸水能力，无臭或稍有特殊气味，味稍咸苦，其水溶液呈中性。它在化妆品中可作为保湿剂和吸水剂以及甘油的代用品。

（3）透明质酸钠

透明质酸钠（图3-5）是广泛存在于人体结缔组织细胞外基质中的一种多糖类物质，它是由葡萄糖醛酸和乙酰氨基葡萄糖交替排列构成的长链分子，为酸性黏多糖。

透明质酸钠（图3-6）又被称为千倍锁水因子，已成为不可或缺的保湿成分。研究表明，4～6个透明质酸双糖结构的片段具有激活机体免疫、修复皮肤的功效，透明质酸钠有很强的吸湿、保湿功能，其水溶液具有极高的黏弹性。据测定，它的保湿能力远超一般常用的保湿剂。

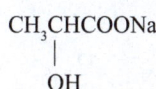

$$CH_3CHCOONa$$
$$|$$
$$OH$$

图3-4 乳酸钠的结构式

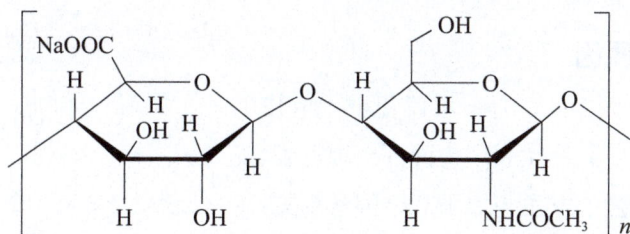

图3-5 透明质酸钠的结构式

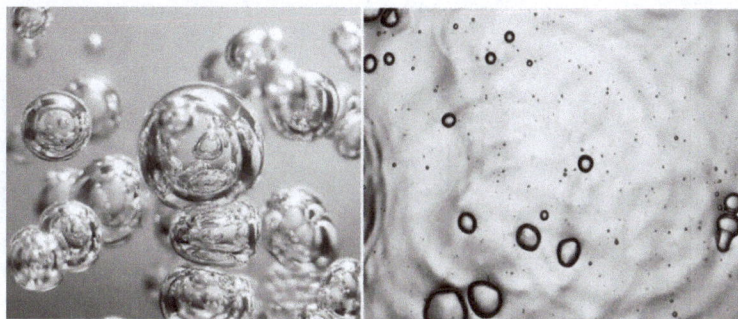

图3-6 水分子透明质酸钠

（4）尿囊素

尿囊素（图3-7）是尿素的衍生物，最早在牛的尿囊中发现而得名，尿囊素不仅可以提高肌肤、头发最外层的吸水能力，而且有助于提高角质蛋白分子的亲水力，因此可增加皮肤、头发和嘴唇组织中的含水量。尿囊素可缓解和治疗如肌肤干燥、粗糙、皱纹、鳞化、角化或头发干枯、无光、断裂、分叉以及嘴唇干裂等症状，用量在1%即可取得显著效果。

（5）神经酰胺

神经酰胺（ceramide）也称脑酰胺，是C_{12} ~ C_{30}的脂肪酸与鞘胺醇上氨基结合的一种酰胺型混合物，主要存在于动物脑灰质、骨髓等处，如鹿茸中含脑酰胺1.25%，其他部位也有一定量存在，是人体角质层脂质的重要成分。动物神经酰胺可直接从动物脑灰质提取，也可从幼猪皮中提取。这种结构与构成皮肤角质层的物质结构相似，能很快渗透皮肤，与角质层中的水结合，形成一种网状结构，锁住水分，可改善皮肤干燥、脱屑、粗糙等状况；同时能增加皮肤角质层厚度，减少皱纹，增强皮肤弹性，延缓皮肤衰老。

神经酰胺（图3-8）是近年来开发出的新一代保湿剂，是一种水溶性脂质物质，也是细胞间基质的主要部分。

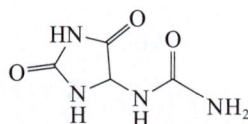

图3-7　尿囊素的结构式

3.3.1.2　粉刺形成的原因

痤疮也称作痘痘（图3-9），是一种常见的毛囊皮脂腺的慢性炎症性疾病，其症状表现为面部出现粉刺、丘疹、脓疱等皮损。痘痘的发生与以下几个因素相关：皮脂分泌过多、毛囊皮脂腺导管堵塞、细菌感染和炎症反应。当皮肤油脂分泌过多或人体内雄激素水平升

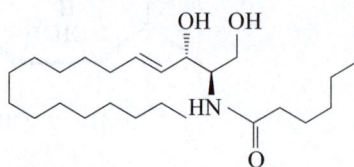

图3-8　神经酰胺的结构式

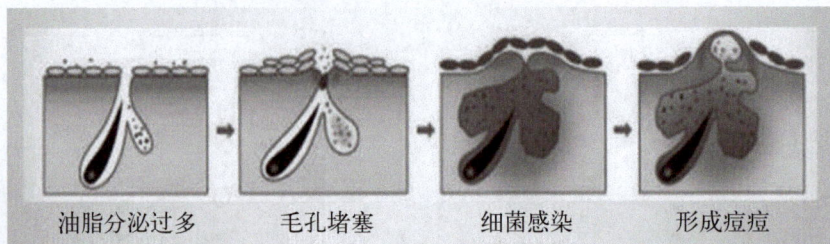

油脂分泌过多　　毛孔堵塞　　细菌感染　　形成痘痘

(a) 　　　　　　　　　　　　　(b)

图3-9　痘痘和形成过程

高使皮脂腺迅速发育并分泌出大量皮脂时，会堵塞毛孔容易诱发痘痘。毛囊皮脂腺导管的角化异常，皮脂未能正常排出使皮肤形成角质栓从而演变为粉刺。毛囊中痤疮丙酸杆菌的大量繁殖使皮脂生成游离脂肪酸，从而使炎症细胞和介质加重恶化，最终诱发炎症反应。

3.3.2 特殊用途化妆品

3.3.2.1 美白机理

人体内存在黑色素，即真黑色素（图3-10）。真黑色素为棕色至黑色，不溶于酸、碱。

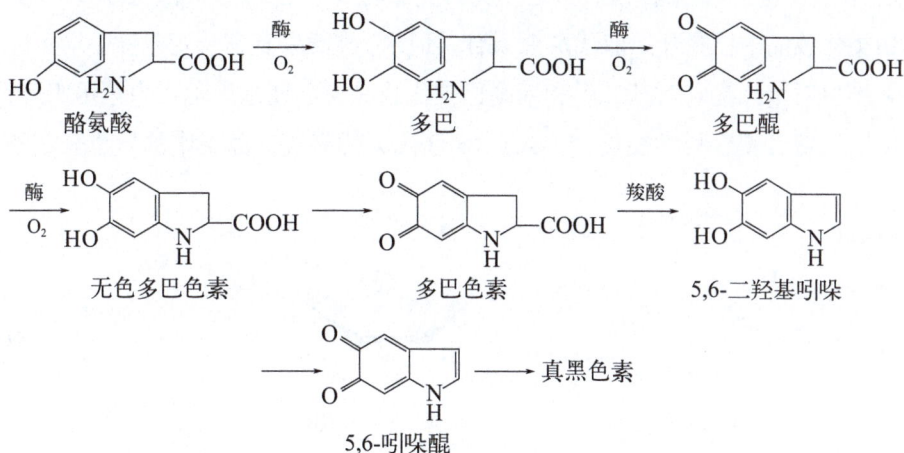

图3-10 真黑色素合成过程

近期又提出"三酶理论"，即酪氨酸酶、多巴色素异构酶和5,6-二羟基吲哚-2-羧酸氧化酶，都有十分重要的作用。

人体内的酪氨酸首先在酪氨酸酶催化下生成3,4-二羟基苯丙氨酸即多巴，多巴进一步在酪氨酸酶的催化下氧化为多巴醌，多巴醌经多聚反应，与无机离子、还原剂、硫酸、氨基化合物、生物大分子的一系列反应过程，生成无色多巴色素。无色多巴色素极不稳定，可被另一分子的多巴醌迅速氧化成多巴色素。在多巴色素异构酶的作用下，其羟化为5,6-二羟基吲哚羧酸，或脱羧为5,6-二羟基吲哚。5,6-二羟基吲哚再在酪氨酸酶的催化下被氧化为5,6-吲哚醌。5,6-吲哚醌是真黑色素的前体，但其他中间产物都可以自身与多巴醌结合生成真黑色素。

因此，可通过以下几个方面来抑制黑色素的形成：①抑制酪氨酸酶、多巴色素异构酶、5,6-二羟基吲哚-2羧酸氧化酶活性；②还原黑色素形成过程各中间体，或与之结合以阻断黑色素形成；③阻断二羟基吲哚聚合为黑色素；④减少外源性因素如紫外线、氧自由基等对黑色素形成生理过程的影响。

目前，美白化妆品绝大部分的作用机理是抑制酪氨酸酶的活性。

3.3.2.2 美白添加剂

（1）熊果苷

熊果苷有α、β和脱氧三种构型（图3-11），其中β型价格便宜，在化妆品中使用较多，α型及脱氧型作为新型美白成分，美白效果分别是β型的10倍和350倍。α-熊果苷因热稳定性及在安全剂量内无细胞毒性，在高级的美白类化妆品中已经开始取代β-熊果苷，但这3种熊果苷在一定条件下均可降解产生对苯二酚。对苯二酚和苯酚已被化妆品安全技术规范列为禁用组分，欧盟消费者安全科学委员会（SCCS）建议α-熊果苷在面霜中的质量分数不

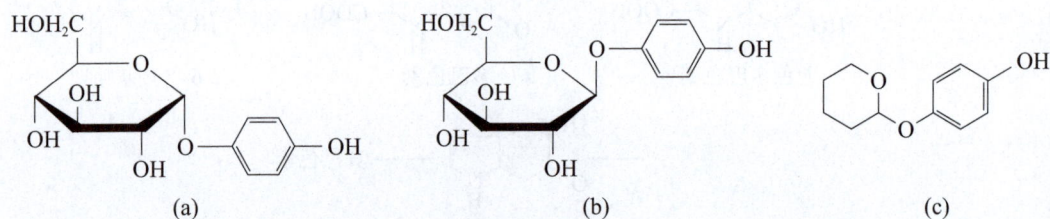

图3-11　α-熊果苷（a）、β-熊果苷（b）和脱氧熊果苷（c）

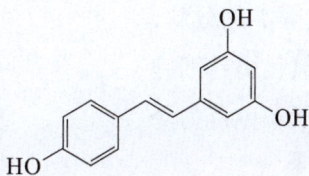

图3-12　白藜芦醇的结构式

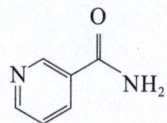

图3-13　烟酰胺的结构式

超过2%，在润肤露的质量分数不超过0.5%，β-熊果苷在面霜中的质量分数不超过7%，并于2021年将脱氧熊果苷列为化妆品禁用物质，但熊果苷在我国法规中尚无明确限值规定。

（2）白藜芦醇及其衍生物

白藜芦醇（图3-12）及其衍生物不仅具有良好的美白效果，还具有抗氧化性能。研究发现，带甲氧基的白藜芦醇衍生物优于白藜芦醇本身。

（3）烟酰胺

烟酰胺（图3-13），化学名为吡咯-3-甲酰胺，又名尼克酰胺。其在机体内参与多种氧化还原反应，与烟酸的生理作用相似。在化妆品中，烟酰胺常用于美白产品中，它作用于已经产生的黑色素，减少其向表层细胞转移，它加速新陈代谢，促进含黑色素的角质细胞脱落，它还促进表皮层蛋白质的合成，改善肌肤质地。

（4）维生素C

维生素C又称抗坏血酸，是最早、最广应用的美白添加剂之一。它能抑制黑色素的中间体多巴醌生成多巴色素，以阻断黑色素的生成过程，并且它能消除活性氧等自由基，间接干扰黑色素的形成。维生素C由于本身具有强还原性，导致它在空气、热以及光等条件下都会加速氧化，从而失去活性。目前，化妆品厂家主要通过3个途径解决这个问题：一是开发更稳定的维生素C衍生物，例如维生素C双棕榈酸酯、维生素C磷酸酯镁和维生素C磷酸酯钠；二是从配方上添加抗氧化剂来延缓维生素C的氧化；三是化妆品包装采用不透光材料来减少光线对维生素C氧化的影响。维生素C是人体所必需的一种维生素，安全性比较高，而高浓度的维生素C衍生物被证明有一定的细胞毒性。

维生素C存在于多种新鲜蔬菜和水果中，但人体不能合成。

关于皮肤的老化机理，目前"自由基学说"是被普遍接受的观点。该学说认为老化是自由基产生和消除发生障碍的结果。生物体内的氧自由基的产生和消除处于相对平衡状态，但某些病理或紫外线的照射可增加氧自由基的形成。

自由基形成后，它们可以进攻和损伤皮肤细胞结构，并引起如下变化：①胶原蛋白、弹性纤维和染色体物质中发生积累性氧化性变化，使皮肤逐渐失去弹性和张力，皱纹不断增加；②黏多糖（如透明质酸等）的分解，使皮肤干燥角化；③惰性物质积累和脂褐素积累；④脂质过氧化引起细胞壁和质膜的变化；⑤动脉和毛细血管的纤维化；⑥酶活力降低和免疫力降低，促进衰老。

皮肤老化是多种因素综合作用的结果，而紫外线照射是加速皮肤老化的最重要的外部因素。

3.3.2.3　抗衰添加剂

（1）虾青素

自然界中，有一种表观为红色，却被命名为"青色"的色素——虾青素。很多呈现出绚烂红色的动物就是因为虾青素的存在才变得如此美丽。在活体虾身上，虾青素和蛋白质的紧密结合呈现出青蓝色，一旦蛋白质变性或者虾青素脱离了与蛋白质的结合，它就呈现出红色（图3-14）。

虾青素（图3-15）是一种类胡萝卜素，是类胡萝卜素合成的最高级别产物。

虾青素在几十年前就受到了化妆品界技术人员和工程师的青睐。但是当时因为其价格昂贵，存在使用缺陷（变色），在全世界范围内只有兰蔻、雅诗兰黛等极少数高端化妆品品牌的产品中含有。

（2）四氢甲基嘧啶羧酸

四氢甲基嘧啶羧酸（图3-16）俗称依克多因，依克多因作为一种渗透压补偿性溶质存在于耐盐菌中，在细胞内起到化学递质样作用，能够作为稳定剂保护酶、DNA、细胞等抵抗高盐分、干燥、冷冻、高温等逆环境，起抗逆协助作用。在化妆品中，其独特分子结构具有很强的水分子配位能力，

图3-14　活体虾中的虾青素（a）和煮熟虾中的虾青素（b）

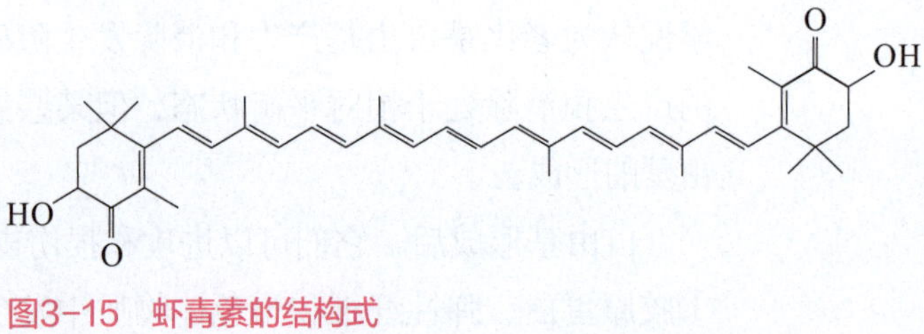

图3-15　虾青素的结构式

能使细胞内的游离水结构化，是非常优秀的天然保湿剂。

（3）玻色因

玻色因是从山毛榉树皮（图3-17）中提取的木糖经二次合成而得到的，可以到达肌肤的基底层，促进胶生成，防止皮肤中的水分流失，起到保湿、修复和抗衰的作用。

3.3.2.4　防晒用化妆品

紫外线中的UVA波（320～400nm）能促使皮肤生成黑色素，即引起皮肤晒黑；UVB波（280～320nm）在其波长范围内会引起皮肤生成红斑；UVC（280nm以下）波长范围内的紫外线，在到达地球表面之前已被大气层的臭氧层所吸收，因此不用考虑它对人体的影响。

（1）物理防晒产品

多利用反光粒子，使用物理遮盖的方式，阻挡、反射或散射掉紫外线，使到达皮肤的紫外线量得以减少来达到防晒的目的。这种防晒产品相对来说安全性高、稳定性好，即涂即防晒，无需等待，可以长时间反射紫外线，不出汗或擦拭，可一直保持防晒效果，不发生化学反应。物理防晒产品对皮肤温和，但产品剂型一般质地厚重，易堵塞毛孔，容易出现假白的情况，对使用者的外表美观有一定影响。

（2）化学防晒产品

主要使用化学防晒剂，又称紫外线吸收剂，通过吸收有害的紫外线而实现防晒，由于化学防晒剂分子会被皮肤吸收，因此吸收紫外线的过程发生在皮肤内部，并由人体代谢而清除。化学防晒剂对皮肤有一定的刺激性，常见的化学防晒成分有二苯甲酮、水杨酸-2-乙基己基酯等。

3.3.3　毛发类化妆品

3.3.3.1　头发的组成

头发作为我们身体的重要组成部分，是一种天然高分子纤维，由完全角化的角质细胞形成。从头发的

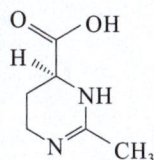

图3-16　依克多因的结构式

(a)

(b)

图3-17
山毛榉树皮（a）和木糖（b）

组成来看，其主要成分是角蛋白，占比为85%～90%。头发由十几种氨基酸组成，其中胱氨酸含量最高。各种角蛋白原纤维通过氢键、离子键和二硫键螺旋式互相缠绕交联，形成稳定的空间网络结构，使头发具有优异的刚韧性能。健康的头发能承受100～150g的重物，断裂伸长率可达150%。

头发具有多层次结构（图3-18），头发纤维的直径一般为50～100μm，由外到里依次是角质层、毛皮质、毛髓质。角质层由扁平重叠的鳞片形成6～10个细胞层厚度，呈透明状覆盖在头发表面，起保护头发的作用，使头发顺滑且带有亮泽。

在外膜之下，角质层还包含另外三个主要层：A层、外表皮和内表皮层。A层与外表皮层中含有丰富的胱氨酸，内表皮层中胱氨酸含量较低，但两种碱性氨基酸（赖氨酸、精氨酸）和两种酸性氨基酸（天冬氨酸、谷氨酸）含量较高。

3.3.3.2　头发的化学结构

头发中含有胱氨酸等十多种氨基酸，每个氨基酸分子内至少带有一个—NH_2和一个—COOH，两个氨基酸分子之间通过脱水缩合形成肽键而结合在一起。多个氨基酸之间通过肽键这种重复结构彼此结合组成多肽链的主干。

形成的众多肽链通过二硫键、离子键、氢键、肽键、酯键等结合方式形成了具有网状结构的天然高分子纤维，即头发。

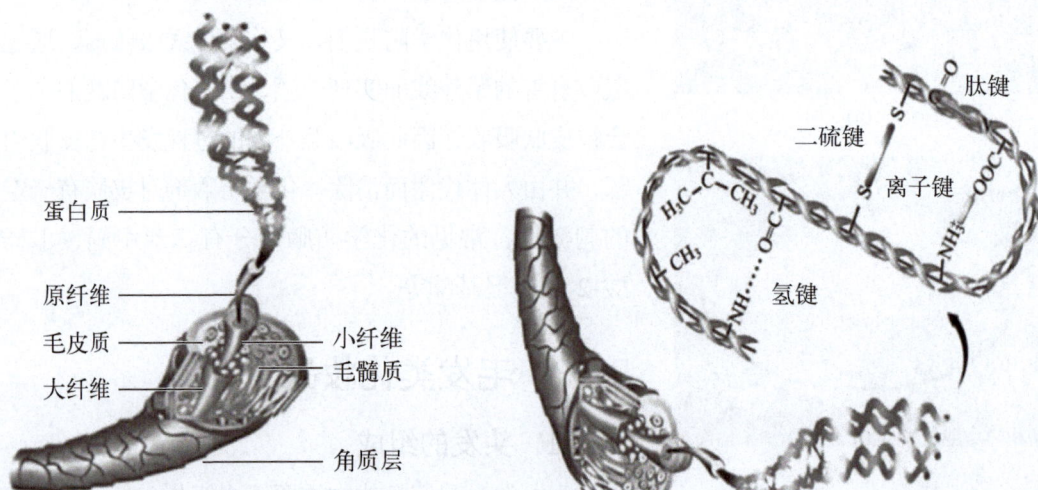

图3-18　头发的结构

3.3.3.3　持久性染发剂

持久性染发剂染发后能保持40～50天，所采用的染料不仅能遮盖头发表面，而且能渗入头发内部，一般是低分子量的染料中间体（如对苯二胺、间苯二酚）。染料中间体不单独使用，而是与显色剂混合涂于头发上，氧化成醌亚胺，再与偶联剂进一步氧化，生成所需要的色泽，整个过程需要30 min，然后把过量染发剂洗去。染发过程中染发剂借助氧化剂而显色，因此它也称为氧化型染发剂。

持久性染发剂的染发机理如下。人的头发是由角蛋白组成的，其中含有十几种氨基酸。这些氨基酸分子中有羧基（—COOH）和氨基（—NH$_2$），因此能与含有极性基团的碱性或酸性染料形成离子键、氢键等，增加了染色的稳定性。但是单靠这种离子键和氢键是不够的，经过多次洗涤，这些色素会溶出而使头发褪色。

染发时，首先保证有足够时间使部分小分子染料中间体渗透头发内部，然后再将其氧化成锁闭在头发上的黑色大分子，以二氧化氯为氧化剂时，此反应过程进行得较慢，室温时需10～15min。采用对苯二胺作为染发用染料中间体，能使染后的头发具有自然的光泽。

为了提高对苯二胺类的染色效果，在染发剂配方中添加少量间苯二酚、邻苯二酚、连苯二酚等多元酚类物质，可使着色牢固、染色光亮。对苯二胺是目前使用最广泛的染料中间体，能将头发染成黑色，其氧化过程如下（图3-19）。

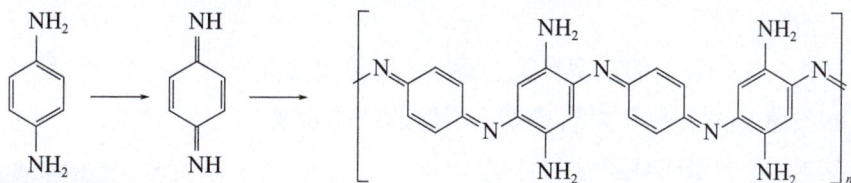

图3-19　染发剂的氧化过程

染料中间体是影响染发色调和染色力的主要因素。例如，对氨基酚能将头发染成淡茶褐色；对苯二胺和2,4-二氨基苯甲醚以不同比例并用，能将头发染成金色或暗红色。通常几种染料中间体混合使用，再加入修正剂，使之显现出人们所喜爱的颜色，如在对苯二胺中加入修正剂，其色调变化如下：加入间苯二酚显绿褐色，加入邻苯二酚显绿褐色，加入对苯二酚显淡灰褐色。因此，染料中间体的选择至关重要。常见的染发用染料中间体的显色情况见表3-2。

表3-2　染发用染料中间体

染料中间体	染后颜色	染料中间体	染后颜色
对苯二胺	棕至黑色	对氨基酚	淡茶褐色
对苯二胺盐酸盐	棕至黑色	4-氨基-2-甲基苯酚	金色带棕
对苯二胺硫酸盐	棕至黑色	4-氨基-3-甲基苯酚	浅灰棕色
2-氯对苯二胺	红棕色	对甲氨基酚	灰黄色
2-氯对苯二胺硫酸盐	红棕色	3-氨基苯酚	深灰色
2,5-二氨基甲苯	金色带棕	3-氨基苯酚盐酸盐	深灰色
2,5-二氨基甲苯硫酸盐	金色带棕	3-氨基苯酚硫酸盐	深灰色

3.3.3.4　半持久性染发剂

半持久性染发剂染发后能耐洗5～6次，保持色泽3～4周。这种染发剂的染料能渗入头发的毛皮质中直接染发，并不需要用氧化剂。这类染料分子量低，对头发角质有亲和性。配制时，将染料加入含有表面活性剂的香波中，配成洗染香波。

半持久性染发剂的染发原理如下：半持久性染发剂所用染料分子小，能渗入毛髓层而产生所需的色调，所以能保持较长时间（3～4周）的染色。由于此类染发剂不用氧化剂，因此其对不适宜使用氧化染发剂染发的人是最合适的染发制品。

半持久性染发剂的剂型有染发香波、染发固发液、染发摩丝、染发凝胶、护发素、染发膏和焗油膏等。不同剂型的染发剂，其基质配方组成有区别。

半持久性染发剂一般使用对头发角质亲和性好的小分子染料（如硝基对苯二胺、硝基氨基苯酚、氨基蒽醌及其衍生物、偶氮染料等）。这类染料在染发香波中应用较为普遍，使用时将染发香波涂于发上并揉搓，让泡沫在头发上停留一段时间，使染料分子有足够的时间渗入头发，染发结束后用水冲洗干净即可。

3.3.3.5　暂时性染发剂

暂时性染发剂（图3-20）一般只是通过较弱的

图3-20　暂时性染发剂

氢键和范德华力暂时黏附在头发表面作为临时性修饰，一次洗涤即可除去，所用染料主要为一些大分子化合物，如碱性品红、碱性蓝26、藏红T等直接染料。暂时性染发剂对头发亲和力低，染料容易聚集形成颗粒沉淀，一般通过与阳离子聚合物或表面活性剂配位来提高染料在染发剂基质中的分散性。由于颗粒较大，染料无法透过表皮进入发干的皮质内，形成的配合物沉积在头发的表面形成着色覆盖层，耐洗色牢度弱。若需使发色复原或随工作环境而改变（如演员等特殊职业者），暂时性染发剂能够节约染发的时间与成本。暂时性染发剂存在易污染衣物以及不易染匀等问题，它具有光敏反应、生物毒性以及致癌的潜在风险，长期使用会对人体健康产生危害，但其作用时间短，使用量小，且配合物沉积于头发表面并未渗入，故对头发的损伤较小。

暂时性染发剂的染发原理如下：暂时性染发剂是一种使头发暂时着色，染色的牢固度很差，一次洗涤即脱色的染发剂。此类染发剂采用的是大分子染料，通常情况下染料不能渗入髓质层，只黏附或沉淀在头发表面，适用于染发后新生头发修饰或演员化妆等。

暂时性染发剂的染料可用碱性染料、酸性染料、分散性染料等，如偶氮类、蒽醌类、三苯基甲烷等。产品的剂型很多，如将染料与水或水-乙醇溶液混合在一起可制成液体产品，为了提升染发效果，可配入有机酸，如酒石酸、柠檬酸等。

3.3.3.6　生发剂

（1）脱发的原因（图3-21）

① 毛囊功能低下

随着年龄的增长，男性头顶部或前头部的头发开始变稀，但是头部的体表面积所含的头发数量与变稀前没有变化，仅仅是头发向又细又短的"胎毛"退化，这种现象称为雄激素性秃发。这种脱发与雄激素有关。雄激素中的睾丸酮，在毛囊处经5α-还原酶催化变成活性更高的5α-二氢睾酮（DHT）。DHT是引起脱发的主要原因，DHT能与细胞内的受体蛋白质结合，转移到细胞核内，将特定的基因活化，诱导生成特定的蛋白质，这种蛋白质阻碍了头发的生长。

② 毛囊、毛球部新陈代谢低下

头发因毛根部的毛母质细胞分裂增殖分化而不断增长。在成长期，毛

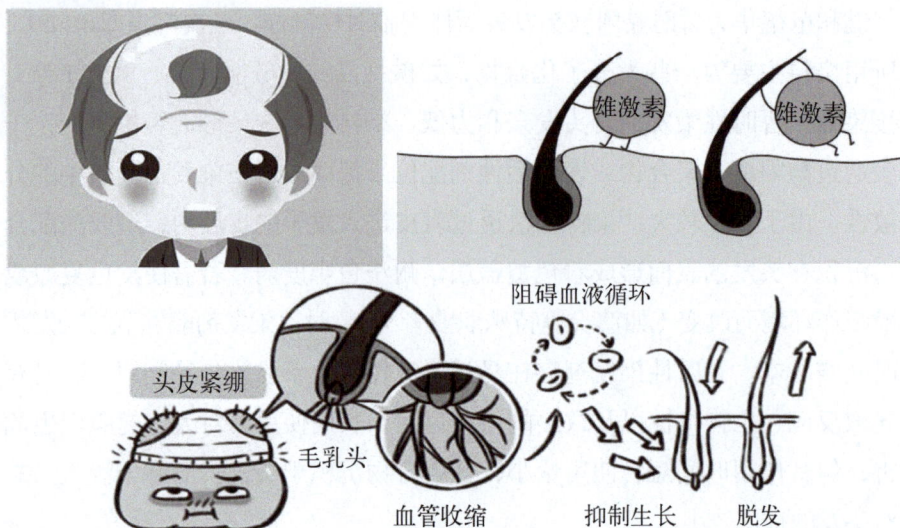

雄激素　　雄激素

阻碍血液循环

头皮紧绷

毛乳头

血管收缩　　抑制生长　　脱发

图3-21　脱发的原因

囊下部1/3的地方分布有篮子状的血管网，供给毛囊血液，促进头发的生长。所以，包围毛乳头和毛囊的毛细血管的发达程度对头发的成长是非常重要的。如果毛囊、毛乳头的末梢毛细血管的血流量减少，将导致毛乳头和毛母细胞的营养物质供应不足。

③ 头皮生理功能低下

由于头皮屑过剩会堵塞头皮的毛孔，这样会对生发的毛根功能产生不良影响。而且头皮屑大量堆积会被细菌等分解，分解产物刺激头皮，有时也会引起脂溢性脱发。

另外，如果毛囊上部的皮脂腺皮脂分泌过剩，多余的皮脂也会被头皮上的细菌分解，分解物如对头皮的刺激过度，有时也会引起脂溢性脱发。

④ 头皮紧张造成的局部血流障碍

头皮的柔软性下降，会引起头皮皮下组织末梢血管血流量减少，也会使头发的生长出现异常。

此外，脱发还与营养不良、应激反应、药物的副作用以及遗传等因素有关。

能消除上述原因的各种药物组合成生发剂的有效成分，其中常用的是含有激活毛囊细胞和促进血液循环成分的制品。

（2）生发用药物

① 扩张血管的药物

当归浸膏、维生素E及其衍生物、谷维素等能扩张血管，促进血液循环。

② 营养剂

毛乳头及毛囊周围的毛细血管出现循环障碍时可引起毛母细胞的营养障碍，这时可配合使用维生素类和氨基酸类药物。维生素类有维生素A、维生素B_1、维生素B_2、维生素B_5、维生素B_6、维生素E及其衍生物，氨基酸类有胱氨酸、半胱氨酸、蛋氨酸、丝氨酸、亮氨酸、色氨酸等。

3.3.4 芳香化妆品

3.3.4.1 香料的发展

公元前3500年至10世纪，香料最早是用来祭拜神灵与祖先的，代表着神圣与崇敬。

古时候的人们认为焚烧香料时产生的烟雾能够沟通神灵，这也使得普通人没有使用香料的权利。古埃及时期，祭司们将桂皮等香料作为防腐剂，用于制作木乃伊。古希腊人改进了古埃及的香水制造技术并在身体的不同位置使用不同的香水[图3-22（a）]，香水也因此成了很热门的产品。古罗马时期香水的使用被进一步推广，他们甚至会给自己的马和狗使用香水。我国熏香的历史源远流长，六千多年前就有与熏香相关的记载了，但是古人用香的鼎盛期是在唐宋时期。唐朝时，上层社会的人用香熏衣裙、被褥已成习惯。

著名诗人白居易在诗歌《后宫词》里写道，"红颜未老恩先断，斜倚薰笼坐到明。"熏笼便是用来熏衣所特制的器具。图3-22（b）中的香囊是一种雕刻花卉和动物图案的空心金属球，内里放置香料。

宋朝时，官宦世家中流行用各种动物形状的铜熏炉熏香取暖，如鸭形和狮形，被分别称为"香鸭"和"金猊"[图3-22（c）]。著名女词人李清照就在《凤

(a)

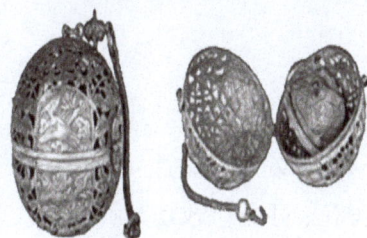
(b)

(c)

图3-22
古埃及香料萃取（a）、
金属香囊（b）、狮形铜熏炉（c）

凰台上忆吹箫》里写下"香冷金猊"，用熏炉里冷掉的熏香来描述冷漠凄清的氛围。此外，由于宋朝的航海技术高度发达，巨大的商船把南亚和欧洲的乳香、龙脑、沉香、苏合香等多种香料运到泉州等东南沿海港口，使香料种类不断丰富。

由于高纯度酒精提炼技术在当时尚未出现，古罗马时期使用的香水，只是一种纯度较高的香油，与现今我们使用的香水存在很大区别。12世纪的时候，阿拉伯人发现酒精可以溶解香精，并使香精慢慢地释放出香味，因为酒精的存在，香水也得到了更好保存（图3-23）。直到15世纪的意大利，香水的使用才迎来了繁盛时期。意大利人开始利用动物脂香味，从而使香水制造原材料不再局限于植物香料。

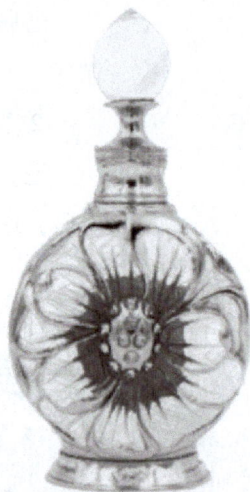

图3-23 含酒精的香水

后来香水从意大利传到法国，法国最终成为举世闻名的香水王国，巴黎成为"香水之都"。等到19世纪下半叶，法国开始出现合成人造香料技术，这意味着香水不再局限于单一的天然香型，这为现代香水的批量生产奠定了基础。

3.3.4.2 香料的分类

香水的组成通常被我们分为三部分：头香、体香、基香。

头香：一般由挥发性好的香料组成，香气持续时间在10min左右。头香常用柠檬、佛手柑、西柚、桃、李、杏等果香型香料和橙花、丁香、玫瑰等花香型香料。

体香：香气的主要部分，紧接着头香的香气，持续时间在4h左右，是香水香型的主题。体香常用玫瑰、茉莉、铃兰、依兰花等花香型香料与鼠尾草、鸢尾花、薄荷、小豆蔻等香型香料。

基香：香水留下的最后香气，是香水中留香最持久的部分即挥发最慢的部分，主要由挥发性较低的香料组成，香气持续时间在4h以上。常用的基香香料有龙涎香、灵猫香、麝香等动物香与雪松、檀香木等木质香（图3-24）。

香水大致分为4大类：花香调、东方香调、木质香调、清新香调（图3-25）。每个主调都可以进一步细分，产生一个相关的气味分类。例如，东方香调可以细分为以橙花、甜型香料为代表的东方花香调，以焚香、琥珀香为代表的柔和东方调，以檀香、广藿香为代表的东方木质调等。普通人凭借嗅觉最容易鉴别的香调是花香调，花香调的香水占据了香水市场的大

鸢尾花

白茶花

桂花

小豆蔻

罗勒

天芥菜

图3-24　部分香料

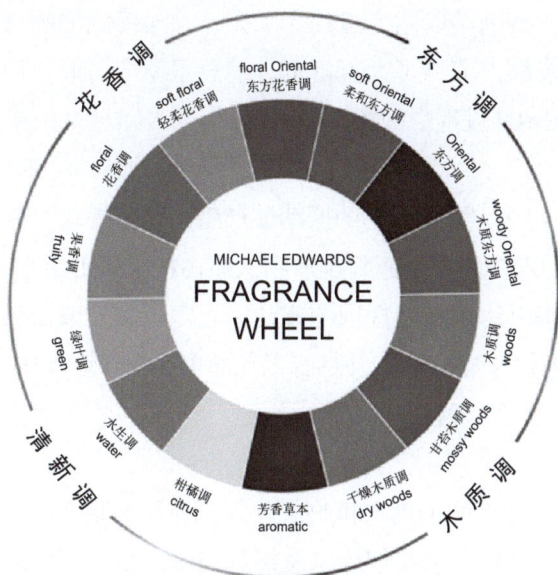

迈克尔·爱德华兹香水轮

(a)

覆盆子

忍冬

(b)

图3-25　香水轮、香料

部分，其中有以清新的单一花香为主调配而成的香水，也有以浓郁的复合香调调配而成的香水。

3.3.4.3 香精提取新工艺

（1）超临界 CO_2 萃取法

超临界 CO_2 萃取法 [图3-26（a）] 是一种新型萃取技术，由萃取和分离两部分组合而成。将 CO_2 加压到超临界状态，利用超临界 CO_2 萃取植物中的精油成分，而后再使压力改变，气体挥发，提取出精油。超临界 CO_2 萃取法具有在较低的温度下操作、溶剂易分离、效率高等优点，且用 CO_2 作萃取剂具有不燃烧、无毒、无异味、安全性高、价廉易得、污染小等特点，现已广泛应用于中药有效成分与香精的提取中。

（2）同时蒸馏萃取法

同时蒸馏萃取法 [图3-26（b）] 是近代新兴的一种精油提取方式，其原理是利用样品蒸汽和萃取溶剂的蒸汽在密闭装置中充分混合，利用蒸馏的方式，各组分在沸点附近蒸出，蒸馏时混合物的沸点将保持不变，挥发性成分首先被蒸馏出来，然后和萃取剂在冷凝管上完成萃取，根据萃取剂与水密度的差异将两者分开，最后回收萃取液，得到提取的精油。该法优点为将样品的蒸汽蒸馏和馏分的溶剂萃取两步过程合二为一，与传统的蒸汽蒸馏方法相比，减少了实验步骤，节约了大量溶剂，缩短了萃取时间，简化设备的同时也降低了样品在转移过程中的损失。

（3）超声辅助提取法

超声辅助提取 [图3-27（a）] 是用高频率的振动波产生的强烈振动、高加速度、强烈空化效应和搅拌作用等，不断将提取物从原物料中轰击出来，使其充分分离，提高浸取速率以达到高效提取的方法。超声辅助提取法可以增加所萃取成分的产率，缩短萃取时间，并且有工艺简单、操作速度快、成本低、减少溶剂污染、低温萃取保留活性组分等优点。

（4）酶解法

酶解法 [图3-27（b）] 是利用特殊的酶对植物细胞间基质及细胞壁中的纤维素、半纤维素等物质进行降解，引起细胞壁及细胞间基质结构产生局部疏松、膨胀、破坏等变化，减小细胞壁、细胞间基质等传质屏障对有效成分从细胞内向提取介质扩散的传质阻力，促进传质过程，进而使精油成分易于流出，完成提取过程。此法有效提升了组分的提取率。

"食品级化妆品"是商业噱头

近年来，许多化妆品品牌称其产品是"食品级""可食用"化妆品。这期间，不管是国家药品监督管理局还是媒体，都曾发文限制、抵制这一行业乱象，明确不存在"食品级"化妆品。

在化妆品中添加食品级原料，是当下十分常见的操作方法。但从专业的角度来看，食品级原料不等同于安全，化妆品中添加食品级原料不等同于可以食用。

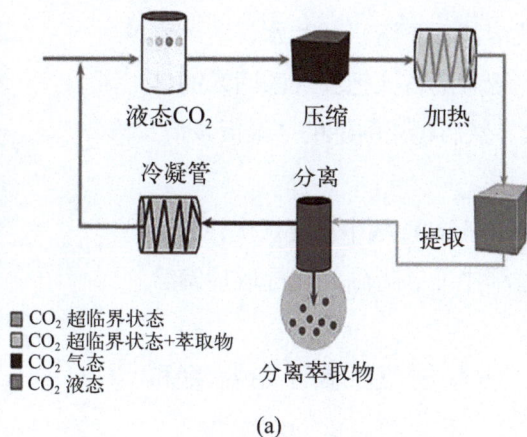

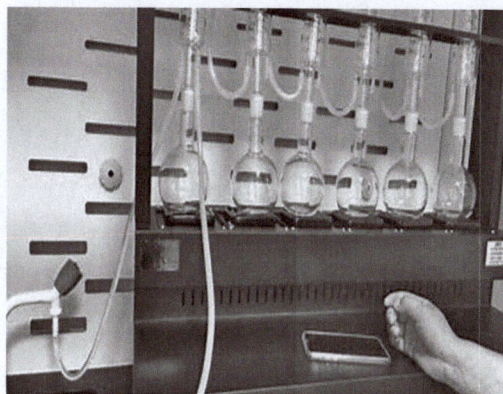

(a)　　　　　　　　　　(b)

图3-26　超临界CO₂萃取法和同时蒸馏萃取法

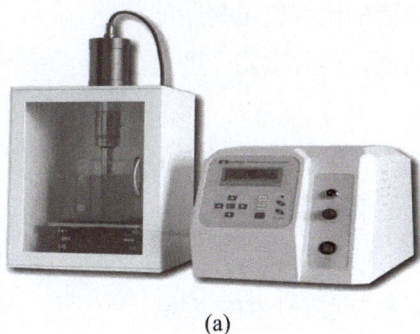

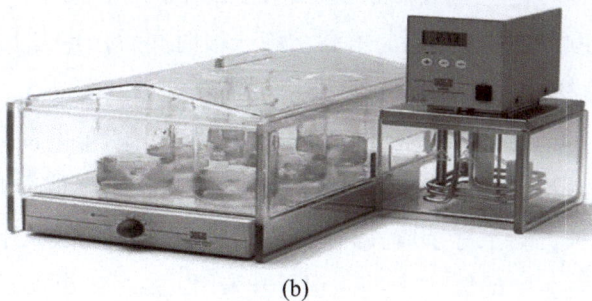

(a)　　　　　　　　　　(b)

图3-27　超声辅助提取法和酶解法

3.3.5　美容化妆品

3.3.5.1　胭脂

"胭脂"其实是"燕支"，一种从西域移植来的植物，《古今注》上记载，"燕支，叶似蓟，花似蒲公，出西方，土人以染，名为燕支。中国人谓之红蓝。"

可见，燕支是胭脂的发源地，西域燕支的妇女喜好用这种植物作为染料。当这种植物传入汉地以后，被称作"红蓝"（图3-28）。

利用这种植物制得的"燕支粉"便是我们常说的胭脂，在《齐民要术》中详细介绍了这种"制作胭脂法"（图3-29）：

a.摘花。要在天刚蒙蒙亮，红蓝花上还带着露水的时候将其摘下。

b.杀花（去除杂质）。红蓝花中含有红、黄两种色素，其中红色素是用来染色的主要物质。红色素分子易溶于碱性溶液而不溶于酸和水，黄色素分子溶于水和酸不溶于碱。根据这一原理，智慧的古人把新鲜采回来的红蓝花捣烂，用水反复淘洗去除其中的黄色素。然后再用酸性的"粟饭浆清"或是乌梅水进一步去除大量的黄色素。

c.提取。将杀花后的红蓝花放在草木灰汁等碱性溶液中反复揉洗，由于红色素能够溶解到碱性溶液中，因此在该过程中能够得到纯化提取后富含红色素的溶液。

d.中和。碱性溶液无疑对皮肤是有害的，古人选择酸石榴汁（或者醋和饭浆）进行酸碱中和。

e.染色干燥。把磨制好的细米粉加入溶液中，用竹条搅拌，使之充分融合。这个过程中红色素会吸附在米粉上，而米粉和溶液的比例决定胭脂的颜色深浅。最后，静置溶液一段时间后，弃去上层清液，再脱水阴干磨成粉状，就得到了"胭脂"的成品。

根据考古资料，在江苏等地出土的早期汉墓物品中就发现了装有朱砂粉的妆盒。朱砂是一种矿物染料，主要成分是硫化汞，并含少量氧化铁、黏土等杂质。其化学性质稳定，颜色经久不退、鲜艳明亮。《天工开物》中记载，"凡将水银再升朱用，故名曰银朱。"随着古代炼丹术的发展，古人用朱砂得到水银后，再用水银和硫黄炼制得到了银朱[HgS（朱砂）+O_2══Hg（水银）+SO_2↑，Hg（水银）+S══HgS（银朱）]。

相较于矿物染料的高成本，植物染料更易得。

古代女性会在自己家中的院子里，种上一些特定的植物，以供制作胭脂之需，如苏木、玫瑰花等。典型的还有茜草，茜草根部含有多种蒽醌类化合物，其中主要色素成分是茜素及其衍生物，如羟基茜素、伪羟基茜素（图3-30）。

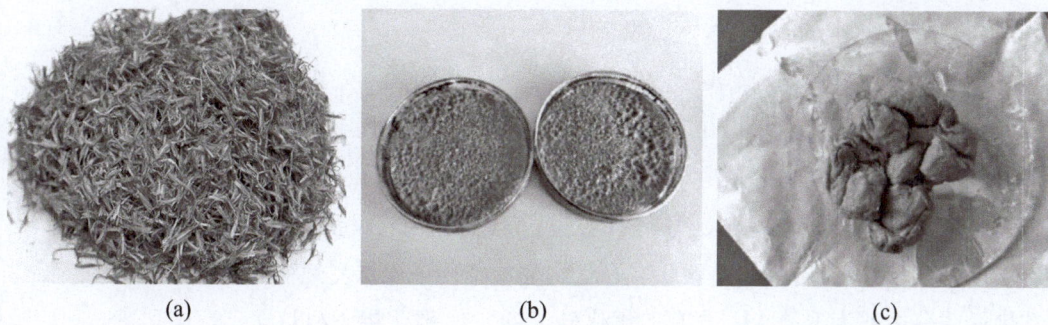

图3-28　红蓝花（a）、玫瑰花粉状胭脂（b）和红蓝花片状胭脂（c）

摘花　　　　　　　　　杀花　　　　　　　　　提取

中和　　　　　　　　　　　染色干燥

图3-29　制作胭脂法的流程

茜草

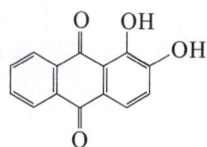

茜素

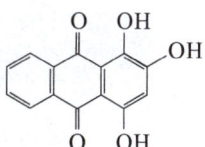

羟基茜素

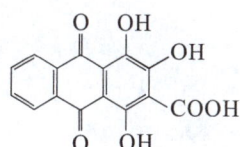

伪羟基茜素

图3-30　茜草及其主要色素成分

3.3.5.2 眉笔

《释名》记载，"黛，代也。灭眉毛去之，以此画代其处也。"就是先把眉毛去掉，然后用"黛"画上自己想要的眉形，"黛"就是我们现在所说的眉笔。《太平御览》引《通俗文》云，"染青石谓之点黛。"此处的黛是一种矿石（图3-31）。最开始古人画眉用的是灰黑色的矿石，也叫"石墨""石黛"，通常产于变质岩中，是碳质岩石受到变质作用或煤层受热变质形成的。其化学成分主要为碳（C），含有二氧化硅（SiO_2）、氧化铝（Al_2O_3）、氧化镁（MgO）等杂质，石墨是由碳原子组成的具有六方网环结构的层状晶体。

"黛"在制备时首先将黛石磨成粉末，再加入动物胶质（如牛骨胶）搅拌，压制成形，研磨成粉，使用时再加水调和成细腻液态，用软笔或枝条蘸取使用。它具有质地细腻、色泽浓黑、更耐高温、不溶于水、性质稳定的特点，其颜色可以留存很久。

屈原的《大招》记载，"粉白黛黑"，而王采的《蝶恋花》中"爱把绿眉都不展，无言脉脉情何限"。一个黑眉，一个绿眉，说明还有其他原料用作"黛"。"青黛者，似空青而色深，石属也（如石青之类）。"这里提到了一种矿石"石青"。石青是一种暗绿色的蓝铜矿，是一种碱性铜碳酸盐矿物，分子式为$Cu_3(CO_3)_2(OH)_2$，可以用来制得青黛。

与之非常相似的还有石绿，也就是孔雀石，另外还有"铜黛"的原料铜绿，主要的化学成分为碱式碳酸铜，分子式$Cu_2(OH)_2CO_3$，这种氯铜矿和石青、石绿都是含铜的矿物质，是伴生关系。

螺子黛稀少且昂贵，有种说法是这种眉黛需要的原料十分特殊，是地中海的海螺——紫贝。颜师古《隋遗录》中记载，"司官吏日给螺子黛五斛，号为蛾绿螺子黛出波斯国，每颗值十金"，换成现代术语来说，这是进口彩妆奢侈品。

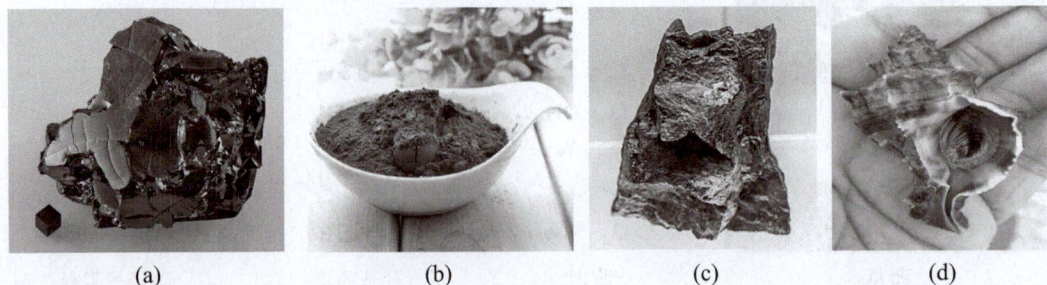

(a)	(b)	(c)	(d)

图3-31 石墨矿石（a）、青黛（b）、铜矿（c）和紫贝（d）

生活中的
有机化学

SHENGHUOZHONGDE
YOUJIHUAXUE

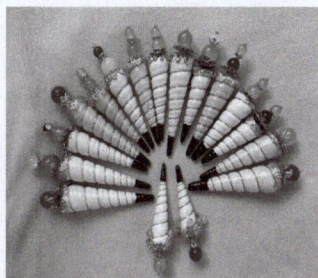

图3-32 螺子黛（a）和眉黛（b）

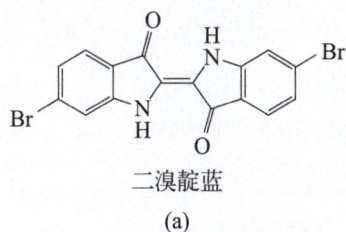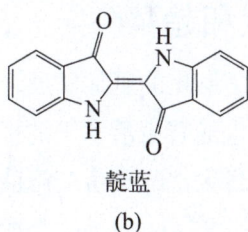

二溴靛蓝　　　　　　　　　靛蓝
(a)　　　　　　　　　　　　(b)

图3-33 二溴靛蓝和靛蓝

提到眉黛，不得不提《甄嬛传》中引得皇上注意的螺子黛（图3-32）。这种眉黛不需要研磨调和后再使用，只需蘸水就可以。

古代地中海收集这种贝类的黏液制得螺子黛。据说每提取1克染料需要消耗上万个骨螺，这种眉黛的主要化学成分其实是靛蓝，色泽鲜艳。

从现代的靛蓝制备工艺可知，由于古时候还原染色是在光照下进行的，紫贝产生的紫红色黏液中含有的二溴靛蓝（图3-33），在阳光照射下会发生光诱导的脱卤反应，使得二溴靛蓝丢失溴原子获得靛蓝，于是从紫红色变为蓝色，从而获得深蓝色的眉黛。

3.3.5.3 变色唇膏

行业标准对唇膏的定义是：由油、脂、蜡、色素等主要成分复配而成的护唇用品。对润唇膏的定义是：以油、脂、蜡为主要原料，经加热混合、成型等工艺制成的蜡状固体唇用产品，主要起滋润、保护嘴唇的作用。两者的主要区别就是在于是否添加色素。

起变色作用的色素有凤仙花、花青素等天然色素，也有曙红酸等人造色素。色素随环境温度、湿度和pH改变发生可逆的化学反应（图3-34），以不同的物

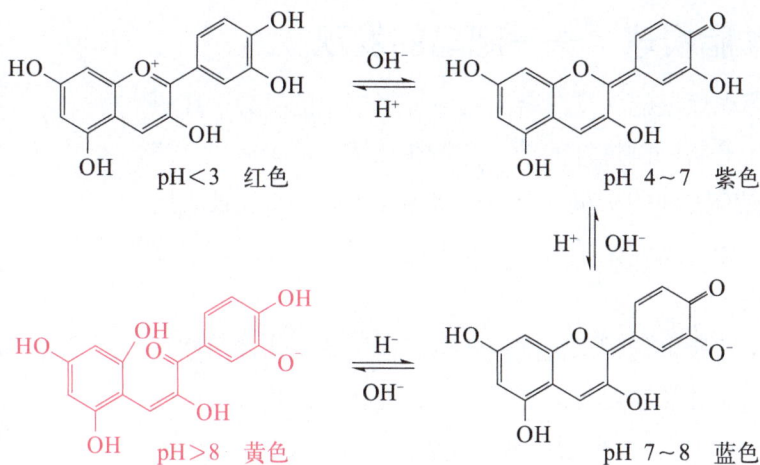

pH＜3　红色　　　　　　pH 4～7　紫色

pH＞8　黄色　　　　　　pH 7～8　蓝色

图3-34 花青素颜色随pH变化机制

质形态存在，从而对可见光的吸收不同，显现出不同的颜色，理论上是可能出现"千人千色"的。

3.4 洗涤用品的发展概况

3.4.1 洗涤用品的发展

洗涤剂是人们日常生活中不可缺少的日用产品。洗涤剂的作用除了提高去污能力外，还能赋予物品其他功能，如赋予织物柔软性、金属防锈、防止玻璃表面吸附尘埃等。

洗涤剂的发展主要经历了从固体的肥皂到粉状的合成洗衣粉和液体洗涤剂的历程。其中，肥皂是最早的洗涤剂，但肥皂最大的缺陷是抗硬水性差。从第二次世界大战以来，合成洗衣粉大量进入市场，到20世纪80年代合成洗衣粉与液体洗涤剂同时发展，到目前形成以液体洗涤剂为主的局面。

3.4.2 洗涤剂的现状和趋势

随着全球经济一体化、信息化的迅猛发展，洗涤用品已成为生活必需品，人们对洗涤用品的需求也随着生活水平的提高日益多样化。当今全球洗涤剂市场竞争空前激烈，各大洗涤剂生产厂商竞相推出多功能的洗涤产品以满足各地消费者多元化的需求。目前，合成洗涤剂将继续向环保、节水、高效、温和、节能与使用方便的方向发展。

3.4.3 神奇的"羊脂炭球"——肥皂的发现

据传，神采奕奕、容光焕发的埃及法老胡夫举行了盛大的宴会。在厨房忙碌的一位小伙计不小心将刚刚炼好的羊油打翻在灶坑旁的炭灰里。情急之下，他连忙用手将混有羊油的炭灰一把一把地捧了出去，以免被人发现。奇怪的事情发生了，当小伙计洗手时，发现手洗得特别干净，甚至连以前很难洗掉的污垢都不见了。

后来，法老命令手下将厨师们带来盘问。法老当即下令小伙计照样制作一些，供王室使用。为了让法老用起来顺手方便，他将羊油和炭灰搓成一个小圆球，然后晾干，使用时，只要蘸点水就行了。

这种神奇的"羊脂炭球"，激起了法老胡夫的极大兴趣。"羊脂炭球"

美名远播，由埃及传到了希腊和罗马。不过，当时的人虽然经常使用它，但其中洗污去垢的奥秘，却无人知晓。直到近代，科学家们才在实验室里探明"羊脂炭球"神奇去污能力的奥妙所在，于是"羊脂炭球"有了一个富有现代气息的名字——肥皂。

3.5 污垢去除背后的原理

（1）液体污垢的去除

液体油污以铺展的油膜存在于物品表面，主要通过"卷缩机理"去除。当加入表面活性剂水溶液后，它具有很低的表面张力，能很快在固体表面铺展而润湿固体。继而，原来平铺在物品表面的油膜逐渐卷缩成油珠，最后被冲洗离开固体表面进入水中，并被表面活性剂乳化，稳定分散在洗涤液中。

（2）固体污垢的去除

固体污垢的去除机理与液体污垢的去除机理不同，差异主要源于这两种污垢与物体表面的黏附性质不同。固体污垢在物体表面的黏附情况要复杂得多，主要靠分子间的吸附作用。在洗涤过程中，表面活性剂水溶液首先将固体污垢及物体的表面都润湿，接着表面活性剂分子会吸附到固体污垢和物体表面上，由于表面活性剂形成的吸附层加大了污垢颗粒和物体表面间的距离，因此削弱了它们之间的吸引力。固体污垢颗粒越大越易被去除，而小于$0.1\mu m$的污垢颗粒，由于牢固吸附在物体表面很难被去除。

出于安全性方面的考虑，适宜家庭用的溶剂种类比较少，主要有以下几类。

① 烃类

烃类溶剂的价格比较便宜，而且对油脂的溶解性良好，是常用的溶剂。煤油是这类溶剂的代表，也是干洗剂的主要溶剂。此外，如石油醚、环己烷等主要用于擦掉织物上的污斑。这类溶剂的共同缺点是易燃易爆，使用时要特别注意避免明火。

② 氯代烃类

这类溶剂也是常用的溶剂，特别是三氯乙烯和四氯乙烯等主要用于干洗剂和其他洗涤用溶剂。这类溶剂虽然有不燃或难燃的特点，但它们的毒性比一般溶剂大，特别是四氯化碳的毒性最强，家庭不宜使用。1,1,1-三氯乙烷是低毒性的溶剂，可代替三氯乙烯，但缺点是与水共存时容易水解。

③ 醇类

醇类毒性较低，乙醇和异丙醇的毒性低，可作为厨房用洗涤剂的溶剂。甲醇的口服毒性很强，最好不要使用。醇类同样也具有易燃性，使用时，要注意避免明火。大部分醇类是水溶性的，属于亲水性溶剂，对油脂的溶解性较差，和水混合后可增加水的溶解范围。另外，多元醇类溶剂的用途范围很广，对油脂的溶解性比一元醇类强。

④ 酮类

丙酮是水溶性溶剂，它对油脂的溶解性比醇类强、毒性小、易燃。丁酮也是水溶性溶剂，但其亲油性比丙酮强。

⑤ 氯代烃、氟代烃类

这类溶剂难燃、毒性低，是比较安全和稳定的溶剂，可作为洗涤溶剂，也可作为家庭用喷雾型溶剂使用。它的气体在空气中大量扩散，会破坏大气中的臭氧层，使紫外线的透过量增加，会诱发皮肤癌症，因此，国际上已限制或禁止使用这类溶剂作为气雾剂的原料，而使用丙烷-丁烷混合物等代用品。

（3）表面活性作用

在洗涤剂中，发挥表面活性作用的主体是表面活性剂。表面活性剂对去污起主要作用。助剂本身虽然不具有表面活性作用，却能增强表面活性剂的作用。在洗织物用的肥皂中添加碳酸钠，可使纯水的表面张力显著降低。一方面，碳酸钠可使酸性或硬度高的洗涤用水中的钙生成碳酸钙沉淀，这样可使洗涤用水软化，提高肥皂的去污力，这种效果主要来源于碳酸钠的化学作用；另一方面，肥皂具有起泡、降低表面张力和油的乳化作用，这些作用互相配合、协作，共同发挥去污作用。

（4）反应作用

酸、碱、氧化剂、还原剂等药品的化学反应也有重要的去污作用。在工业清洗方面，一般使用硫酸、盐酸、烧碱等强酸、强碱类，洗掉金属表面的锈、水垢和油污等。而家庭洗涤一般用弱酸或弱碱，化学反应作用比较温和。

氧化和还原反应是家庭用洗涤剂中常有的化学反应。例如，漂白效应就是氧化和还原反应的结果，使用时需根据使用目的适当调节洗涤剂浓度、温度和反应时间。许多氧化剂还具有较强的杀菌作用，特别是次氯酸钠，经常用于炊具和餐具等洗净后的杀菌。

（5）酶的分解作用

动植物生物体内的酶是一种高分子有机化合物，对生物体内许多物质的分解和合成具有催化作用。在洗涤过程中，可借助酶的这种作用达到去污的目的。在洗涤剂中使用的酶属于加水分解酶类。

3.6　表面活性剂的类型

3.6.1　阴离子表面活性剂

阴离子表面活性剂溶于水中时，分子电离后亲水基团为阴离子基团，如羧基、磺酸基、硫酸基，在分子结构中还可能存在酰氨基、酯键、醚键。疏水基团主要是烷基和烷基苯，常见的阴离子表面活性剂的主要品种有以下几类。

（1）羧酸盐

羧酸盐类表面活性剂俗称脂肪酸皂，羧酸盐是用油脂与碱溶液加热皂化而制得的，也可用脂肪酸与碱直接反应而制得。由于油脂中脂肪酸的碳原子数不同以及选用碱溶液不同，因此制成的肥皂的性能有很大差异。具有代表性的脂肪酸皂是硬脂酸钠（$C_{17}H_{35}COONa$），它在冷水中溶解缓慢，且形成胶体溶液，在热水及乙醇中有较好的溶解性能。脂肪酸皂的碳链愈长，其凝固点愈高，硬度愈大，但水溶性愈差。

就同样的脂肪酸而言，钠皂最硬，钾皂次之，铵皂较柔软。钠皂和钾皂有较好的去污力，但其水溶液碱性较高，pH约为10，而铵皂水溶液的碱性较低，pH约为8。用于制造各类洗涤用品的脂肪酸皂都是不同长度碳链的脂肪酸皂的混合物，以便获得我们所需要的去污力、发泡力、溶解性、外观等。这类表面活性剂虽有去污力强、价格便宜、原料来源丰富等特点，但它不耐硬水、不耐酸、水溶液呈碱性。

（2）烷基硫酸酯盐

烷基硫酸酯盐的制备方法是将高级脂肪醇经过硫酸酸化后再以碱中和。这类表面活性剂具有很好的洗涤能力和发泡能力，在硬水中稳定，溶液呈中性或弱碱性，它们是配制液体洗涤剂的主要原料。

如果在烷基硫酸酯的分子上再引入聚氧乙烯醚结构，则可以获得性能更优良的表面活性剂，这类产品中具有代表性的是月桂醇聚氧乙烯醚硫酸酯钠盐。

由于聚氧乙烯醚的引入，使得月桂醇聚氧乙烯醚硫酸钠盐比月桂醇硫酸钠水溶性更好，其浓度较高的水溶液在低温下仍可保持透明，适合配制透明液体香波。月桂醇聚氧乙烯醚硫酸酯钠盐的去油污能力特别强，可用于配制去油污的洗涤剂，如餐具洗涤剂。该原料本身的黏度较高，在配方中还可起到增稠作用。

该产品易溶于水，水溶液呈中性，对硬水稳定，其发泡性和乳化作用均较好，去污力强，适用于配制香波等高档液体洗涤剂。

（3）烷基磺酸盐

它比烷基硫酸酯盐的化学稳定性更好，表面活性也更强，成为配制各类合成洗涤剂的主要活性物质。烷基磺酸盐的疏水基团不同时，可以表现出不同的表面活性，可分别作为乳化剂、润湿剂、发泡剂、洗涤剂等使用。

（4）烷基磷酸酯盐

烷基磷酸酯盐也是一类重要的阴离子表面活性剂，可以用高级脂肪醇与五氧化二磷直接酯化而制得，所得产品主要是磷酸单酯盐及磷酸双酯盐的混合物。

不同疏水基团的产品以及单酯盐、双酯盐含量不同时，产品性能有较大的差异，使产品用于乳化、洗涤、抗静电、消泡等不同的用途，如磷酸单十二烷基酯钠盐主要作为抗静电剂，用于具有调理作用的产品中。

这是一种黏度很高、去污力很强、适合配制餐具洗涤剂的表面活性剂。这类磷酸酯盐兼有非离子表面活性剂的特点，因此其综合性能及配伍性能俱佳。

（5）分子中具有多种阴离子基团的表面活性剂

为了改进表面活性剂的性能，随着有机合成技术的进步，可在分子中引入多种离子型官能团，如脂肪醇聚氧乙烯醚磺基琥珀酸单酯二钠。

这是一种性能温和、生物降解性好、发泡力强的表面活性剂。它不仅本身刺激性小，而且在配伍时可以降低硫酸酯类表面活性剂的刺激性，可用于配制高档香波和化妆品。

3.6.2 阳离子表面活性剂

阳离子表面活性剂溶于水中时，分子电离后亲水基团为阳离子。几乎所有的阳离子表面活性剂都是有机胺的衍生物。

阳离子表面活性剂的去污力较差，甚至有负洗涤效果，一般主要用作杀菌剂、柔软剂、破乳剂、抗静电剂等。日化品中常用的阳离子表面活性剂有以下几种。

（1）季铵盐

季铵盐是阳离子表面活性剂中最常用的一类，一般由叔胺与卤代烃反应得到。例如，用十二烷基二甲基胺与苄基氯反应生成十二烷基二甲基苄基氯化铵（图3-35），这是一种具有杀菌能力的表面活性剂，俗称"洁尔灭"。除此以外，季铵盐表面活性剂还有十六烷基三甲基氯化铵、十二烷基二甲基苄基溴化铵、十八烷基三甲基氯化铵、双十八烷基二甲基氯化铵等。

（2）咪唑啉盐

咪唑啉化合物是典型的环胺化合物。用羟乙基乙二胺和脂肪酸缩合即可得到环叔胺，再进一步与卤代烃反应即得咪唑啉盐表面活性剂（图3-36），这类表面活性剂主要用作头发滋润剂、调理剂、杀菌剂和抗静电剂，也可用作植物柔软剂。

（3）吡啶卤化物

卤代烃与吡啶反应（图3-37），可生成类似季铵盐的烷基吡啶卤化物。

氯化十二烷基吡啶是这类表面活性剂的代表，其杀菌力很强，对伤寒杆菌和金黄色葡萄球菌有杀灭能力，在食品加工、餐厅、饲养场和游泳池等处作为洗涤消毒剂使用。

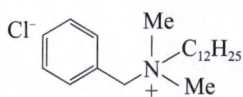

图3-35
十二烷基二甲基苄基氯化铵结构式

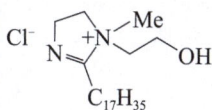

图3-36 咪唑啉盐表面活性剂结构式

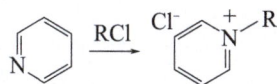

图3-37 卤代烃与吡啶反应

3.6.3 两性表面活性剂

两性表面活性剂分子中既有带正电荷的基团，又有带负电荷的基团，带正电荷的基团常为含氮基团，带负电荷的基团是羧基或磺酸基。

两性表面活性剂在水中电离，电离后所带的电性与溶液的pH有关，在等电点以下的pH溶液中呈中性，显示阳离子表面活性剂的作用，在等电点以上的pH溶液中呈阴性，显示阴离子表面活性剂的作用。在等电点的pH溶液中形成两性离子，呈现非离子性，此时表面活性较差，但仍溶于水，因此两性表面活性剂在任何pH溶液中均可使用，与其他表面活性剂相容性好。它耐硬水、发泡力强、无毒性、刺激性小，也是这类表面活性剂的特点。下面介绍几种常用的两性表面活性剂。

（1）甜菜碱型两性表面活性剂

甜菜碱是从甜菜中分离出来的一种天然产物，其分子结构为三甲氨基乙酸盐。如果甜菜碱分子中的一个—CH_3被长碳链烃基代替就是甜菜碱型表面活性剂，一般由对应的叔胺与氯乙酸钠反应制得。

（2）氨基酸型两性表面活性剂

它是由脂肪胺与卤代羧酸反应而制得的，其中具有代表性的产品是十二烷基氨基丙酸钠。

（3）咪唑啉型两性表面活性剂

它是由咪唑啉衍生物与卤代羧酸反应而制得的，可用于婴儿香波和洗发香波中，还可用作抗静电剂、柔软剂、调理剂、消毒杀菌剂。

3.6.4 非离子表面活性剂

非离子表面活性剂在水溶液中不电离。其分子结构中的亲油性基团与离子表面活性剂大致相似，但亲水基团是分子中的羟基和醚基。现将常用的几种非离子表面活性剂介绍如下。

（1）聚氧乙烯类非离子表面活性剂

聚氧乙烯类非离子表面活性剂是由高级脂肪醇、高级脂肪酸、烷基酚、多元醇酯等与环氧乙烷加成而制得的。它们是非离子表面活性剂中生产量最大、用途最广的一大类表面活性剂。

（2）烷基醇酰胺

烷基醇酰胺是分子中具有酰氨基及羟基的非离子表面活性剂。它是由脂肪酸与二乙醇胺反应而制得的。

（3）失水山梨醇脂肪酸酯

山梨醇是由葡萄糖加氢还原而得到的多元醇，由于醛基已被还原，因此它的化学稳定性好。山梨醇与脂肪酸反应时可同时发生脱水和酯化反应。

3.7 如何制作一块香皂

3.7.1 生产香皂的原料

（1）皂基

生产香皂的油脂（图3-38）主要是牛羊油、椰子油、棕榈油、棕榈仁油及猪油等。棕榈油和牛羊油同属于固体类油脂，用以保证香皂有足够的硬度；棕榈仁油和椰子油同属月桂酸类油脂，以增加香皂的泡沫和溶解度。

香皂去污能力的大小、泡沫的多少、皂体组织的粗细和软硬、溶解度的大小、防止酸败能力的强弱、外观的端正程度、光泽是否悦目以及香气的持久性等，是衡量其质量好坏的主要标志。这些性能除与加工工艺有关外，主要与香皂的油脂配方和加入的添加物有关。

实践证明，以棕榈油为主的配方，只宜生产一般加色香皂，不宜生产白色香皂。牛羊油的气味不及棕榈油好，棕榈油的气味适合加香。研究表明，加有相同量同一香精的两块香皂，棕榈油配方的香皂比牛羊油配方的香皂香味显得纯正芬芳。

（2）香精

香皂芳香气味的优劣直接左右香皂在市场上的销售量。多年来，消费者喜爱香皂的各种各样的香型，像英国人多喜爱薰衣草香型、檀香香型，法国人和德国人喜欢花香香型，如玫瑰、紫丁香、百合等香型。

香皂中使用香精的量根据档次也有不同，一般优级皂用量2%～2.5%，一级皂用量1.2%～2%，二级皂用量0.8%～1.5%，三级皂用量0.8%～1.2%。

皂用香精的基本要求有：首先要求香皂的性质温和、滋润，所含香精对人的皮肤应无刺激性，具有祛除体臭的性能，洗后使人增添一种清爽、新鲜的感觉，且有一定的留香性；嗅觉上感觉香气协调，即

(a)

(b)

(c)

图3-38
棕榈油（a）、香皂（b）和
椰子油（c）

头香、体香和基香不能有明显差异；皂基都带有一定程度的油脂气味，香精对这种气味应有很好的遮蔽能力；香精在皂体中要有较长时间的稳定性，香气特征、强度也不会发生明显的变化；香精不应对皂体有明显着色，也不应随时间的延续使皂体色泽越来越深；皂体本身是一种胶体，会降低香精挥发度，而香精在这种条件下应有较好的透发性；在洗用时，香皂中的香精有较好的扩散性，使香气四溢扑鼻。

皂用香精的配制要根据香型和香皂的档次所允许的香精价格来选用香料原料。高档的香精可使用较多的天然香料如精油、浸膏、树脂类，低档香精多是人造香料。目前，皂用香精典型的香型（图3-39）有以下几种。

① 檀香型

是市场上较流行的品种之一，香气浓郁持久。配制檀香型香精的香料有檀香木油、合成檀香油、柏木油以及适量的广藿香油、香根油、肉桂油、丁香油。这些香料既起到增强香气的效果，又有较好的持久性。

② 茉莉香型

白色香皂大多数使用茉莉香型，其香气清新、透发，但持久性稍差。为了取得较满意的香气效果，常用以茉莉为主体复合香型的香皂，高档的茉莉香精可用一些天然茉莉浸膏。

③ 玫瑰香型

玫瑰花有几种不同的颜色，所以玫瑰型香皂也常有粉、黄、红色之分。玫瑰型香皂香气浓郁而持久，尤其是天然玫瑰花油，在皂体中一年之久香气仍透发，且皂体不变色，然而由于价格昂贵，天然玫瑰花油仅能在高档香精中少量使用。

④ 馥奇香型

馥奇香型的香皂一般都是绿色的。调和这种香精的主体香料主要是薰衣草油、香豆素和橡苔浸膏。除此之外，还必须加入适当的木质香料如檀香油、柏木油或广藿香油等，以及玫瑰油和柠檬油来增加甜香。

图3-39 不同香型香皂

(a)

(b)

图3-40　着色剂和钛白粉

（3）着色剂

香皂有不同颜色，其赏心悦目的色彩是受消费者喜爱的另一主要原因。习惯上选用的着色剂[图3-40（a）]的颜色与香精的香型有一定的对应关系，如檀香香型多用棕色，馥奇香型多用草绿色，茉莉香型多用白色，玫瑰香型多用白色或淡红色等。作为皂用着色剂，要求其不与碱反应、耐光、水溶性好、色彩艳丽。常用的着色剂有皂黄、曙红、酞菁等。

（4）钛白粉

钛白粉[图3-40（b）]主要作用是增加香皂白度，降低透明度，特别是在白色香皂中。有的配方中也用氧化锌代替钛白粉，但效果略差。一般加入量为0.025% ~ 0.20%。

（5）抗氧化剂

为了防止香皂原料中所含的不饱和酸被氧化，产生酸败等现象，需加入一定量的抗氧化剂。要求抗氧化剂的水溶性好，对皮肤无刺激，不夹杂其他气味等。常用的抗氧化剂有水玻璃，其用量为1.0% ~ 1.5%；二叔丁基对甲酚，其用量为0.05% ~ 0.1%。

（6）螯合剂

为阻止香皂皂基中带有的微量金属，如铜、铁等对皂体的自动催化氧化，常加入螯合剂乙二胺四乙酸钠。

除以上原料外，有时为提高香皂的档次，还加入多脂剂、杀菌剂、中草药提取液等。

3.7.2　香皂后加工技术

（1）捏合

第一步是添加剂混合阶段，通常被称为添加剂的捏合（图3-41），即将皂粒和添加剂一起放入桨式或涡轮式搅拌混合器中。混合时长一般在5min左右，搅拌时间一定要充分，否则容易导致添加剂和皂粒混合不均，添加剂只留在皂粒的表面。

（2）精制/研磨

皂粒和添加剂经过预先混合后，会进入精制/研磨操作。精制一般会通过精制机进行。精制机由一个大的螺旋蜗杆和水冷却圆柱形夹套组成，蜗杆装在夹套桶内。研磨后的皂料会经由蜗杆的挤压通过一个多孔罩板，被挤压呈面条状，再由蜗杆带动刀片切下，送入下一道工序，也可在多孔罩板前装上金属筛网，可以去除一些污物、大的硬质粒子和皂粒等。

（3）压条

当经过精制/研磨的料体完全均质后，具有可塑性的皂料会通过真空压条机进行压条操作。压条的目的是使精制/研磨的皂料经真空压条机压成组织紧密均匀、表面光洁的皂条。真空压条机由上下两台压条机构成，中间有一个真空室，俗称双联真空压条机。上压条机除有一定的碾压作用外，主要作用是封住真空。

（4）切块

切块，从前一个工序出来的连续、均质、塑性的皂条被送进简单切块机切成一定尺寸供打印用的皂块。固定和手动调链机械多刃的切割机被电子/气动和完全电子化的切块机替代。由于电子技术的不断推进，切块机操作速度和精度也在不断提高。

（5）打印

打印实际上是香皂后加工的最后阶段。经切块的皂坯，可先经表面冷却，也可不冷却，用两块印模压成成品皂，香皂打印机的种类很多，从简单手工操作或半自动操作的到全自动的连续高速打印机，其产量为300～400块/min，香皂质量20～400g。所用打印机的类型是根据其产量和所需印模的种类选择的，在一定程度上还取决于最终产品质量。

（6）包装

包装：市场上的香皂采用纸盒包装、枕式包装、透明包装、捆绑包装。专业化妆品、礼品、新奇的香皂包装方法是打褶包装，拉伸膜裹包。香皂包装设备、纸盒包装机、枕式包装机、香皂进料（传输）系统以及现有的新颖香皂包装系统均达到600块/min的包装速度。自动化、智能化的包装机及包装形式在不断增加，最后则是装箱完成。

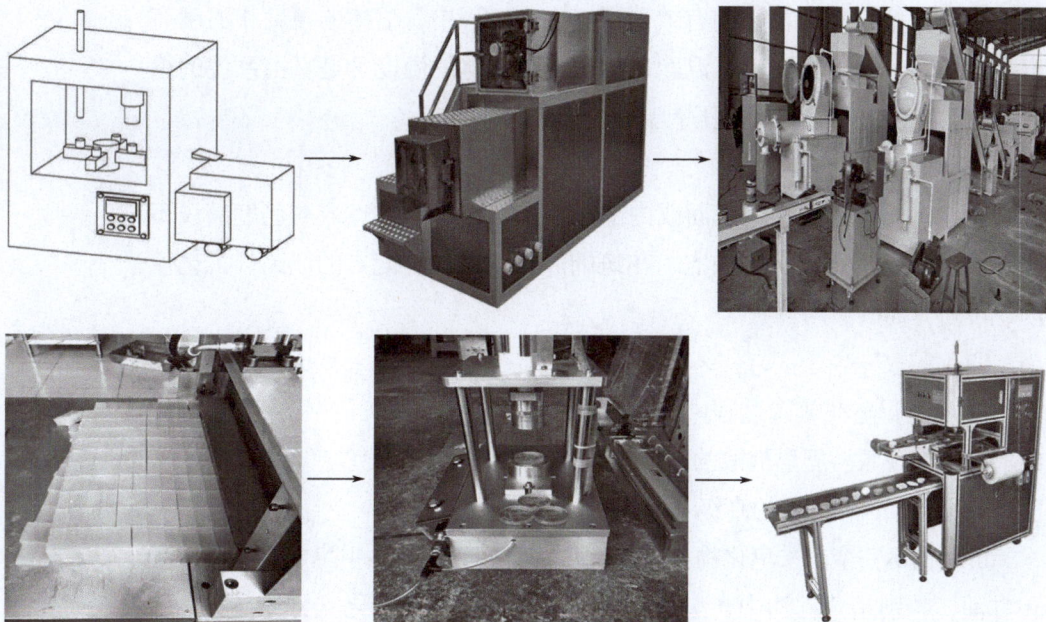

图3-41 香皂后加工技术流程图

3.8 肥皂不完美的原因

（1）冒霜

冒霜是指肥皂在储存过程中由于水分蒸发，皂体内的固体添加剂渗出，在其表面形成白色霜状物质的现象。这种现象常存在于洗衣皂中。

对肥皂表面的"霜"进行酸解、分离，发现脂肪酸的比例占89%；低级脂肪酸所占比例为0.62%，其余为碳酸钠、二氧化硅、氯化钠、水等肥皂的成分。对"霜"的脂肪酸进行成分分析，发现不饱和脂肪酸占84.71%，其中油酸占66.5%、亚油酸占11.4%、十八碳三烯酸占2.2%、十六碳一烯酸占4.61%，可见油酸是"有机霜"的主要成分。

另外，无机盐类也会由浓度高的肥皂内部自动向浓度低的表面移动，这样就能形成"无机霜"。

（2）粗糙

皂体粗糙主要是指肥皂在擦洗时，感觉皂体有粒状硬块，不光滑，与皮肤摩擦时造成不舒服的感觉，有人将这种现象叫"砂粒感"。皂体粗糙多是皂体软所致，皂体较硬时表面光滑、质地紧密、组织细腻。所以提高肥皂的硬度是解决皂体粗糙的有效途径。生产过程中，皂体的硬度和温度有直接的关系，温度高则软，温度低则硬。而皂体的温度又是真空系统的绝对压力对应的水的饱和蒸汽压的温度决定的。

（3）白点、花斑

白点、花斑是指肥皂表面或内部出现米粒大小的白点或灰色度深浅不一花纹的现象。肥皂产生白点、花斑的原因为：油脂配方的原因、工艺原因、设备方面的原因。

（4）酸败

酸败是肥皂在放置过程中出现黑色斑点、发生变味、产生令人不舒服的油腻味的现象。肥皂酸败的原因为以下几点。

a.配方中含有过量的高级不饱和脂肪酸的油脂。

b.皂化不完全。未皂化物会在与空气、阳光长期接触中生成游离脂肪酸和甘油，特别是菜籽油中含量最高的甘油芥酸酯很难皂化。另外，肥皂中过量游离松香酸的存在也容易产生酸败。

c.铜、铁、镍等重金属以及残存于肥皂中的活性白土会促进酸败。

d.肥皂中含有过量的甘油。如果肥皂中水分大量挥发后，肥皂中的甘油会渗透到肥皂表面，在长期接触空气和阳光的情况下，会形成多种氧化物或酸类。

e.肥皂配料中碱性物质少，而酸性物质过多，比如有强酸性的香料会引起肥皂酸败。

（5）开裂

开裂是指肥皂在放置过程中表面出现裂纹的现象。肥皂开裂的原因为以下几点。

a.在配方中水玻璃浓度过高，皂基内电解质含量太多，或是松香、椰子油、液体油太少，粒状油多，容纳电解质能力较差，都易造成开裂。

b.在生产过程中，调和不均、打印时过分干燥，都可能造成开裂。

（6）糊烂

糊烂是指肥皂遇水后膨胀而松散，使肥皂不耐用的现象。肥皂糊烂的原因为以下几点。

a.配方中不饱和脂肪酸含量过多。一般认为碘值越高，糊烂越严重。

b.水分含量高也容易糊烂。

c.加工操作中也有许多因素导致糊烂，如水分的渗透性、液晶相的膨胀性等。

3.9　液体洗涤剂

3.9.1　衣用液体洗涤剂

3.9.1.1　重垢型衣用液体洗涤剂

重垢型衣用液体洗涤剂主要用于洗涤粗糙织物、内衣等污垢严重的衣物。配方中以阴离子表面活性剂为主体，一般为高碱性。

透明重垢型衣用液体洗涤剂突出的特点是表面活性剂的含量很高，可高达40%。其中表面活性剂和助剂均呈溶解状态。由于受到溶解性和稳定性的限制，其中助剂和漂白剂的含量很少。各种助剂加入后应保持透明或具有稳定的外观。

3.9.1.2　普通衣用液体洗涤剂

普通衣用液体洗涤剂用于洗涤一般纤维制品，如腈纶、涤纶、棉、麻等织物。荧光现象在日常生活中十分常见，洗衣液中的荧光物质使洗过的衣物在日光下显得更加光鲜亮丽。在我国，古时候的人们就已经注意到，一些物质具有所谓"冷发光"的现象，如萤火虫发出的"萤火"、鱼鳞堆积发出的"鳞火"以及腐败动植物尸体发出的"鬼火"等。

北宋时期的科学家沈括在其所著的《梦溪笔谈》中详细记录了煮咸鸭蛋时的发光现象，"予昔年在海州，曾夜煮盐鸭卵，其间一卵，烂然通明如玉，荧荧然屋中尽明，置之器中十余日，臭腐几尽，愈明不已。"这是人类主动获取荧光的一次成功尝试，国外科学史中对这一现象也有记载。萤火虫、鸭蛋黄的荧光（图3-42）来自于同一种有机化合物——荧光素。

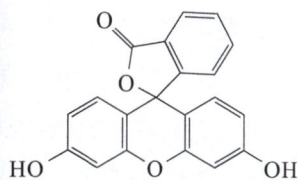

萤火虫　　　　　　　　鸭蛋黄　　　　　　　　荧光素

图3-42　荧光现象及其来源物质

直到1852年，荧光这一概念才被真正提出。Stokes在观察叶绿素与奎宁这两种有机化合物在溶液中的荧光现象时，惊奇地发现它们射出光的波长要比入射光的波长更长。

光在发生反射、折射、散射等现象时，并不会改变颜色，即波长，而这两种有机物溶液的射出光相较于入射光却发生了红移，这说明物质在吸收入射光之后，发射了一种新的光。根据萤石的名字，Stokes将这种现象命名为荧光。

1931年，Kautsky发现，一些荧光分子不仅仅可以发出荧光，同时还能发射比荧光能量低，但更为持久的一种光，因为荧光通常在入射光消失后立刻消失，所以这种光与荧光不同，寿命更长，被称为磷光。生活中常见的一些发光现象，如夜明珠及一些开关上的夜视按键等可以长时间发光的现象则均是磷光。

近年来，研究者也对其他的有机荧光发色团（图3-43）进行了研究，其中效果较好也较为常见的荧光发色团有香豆素、1,8-萘内酰亚胺、荧蒽、苝四甲酰二亚胺等，在传统有机荧光材料领域，绝大多数的材料是上述几种荧光发色团的衍生物。

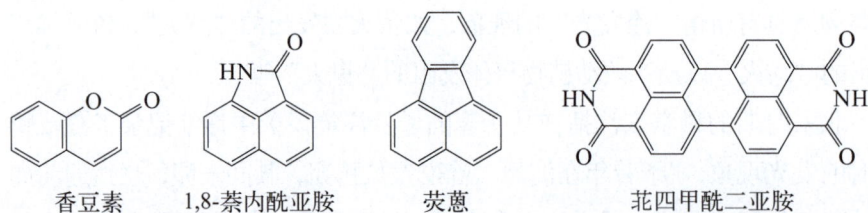

| 香豆素 | 1,8-萘内酰亚胺 | 荧蒽 | 苝四甲酰二亚胺 |

图3-43　有机荧光发色团

3.9.1.3　香氛类洗衣凝珠

洗衣凝珠又称洗衣胶囊，是一款专为机洗设计的产品，作为"第三代洗衣技术"，其特有的低泡浓缩配方，不仅在方便程度上远超洗衣液和洗衣粉，在清洁效力方面，具有投放方便、定量分装、多效合一和外形时尚等特点，是日益受到年轻消费者青睐的特种液体洗涤剂。

洗衣凝珠将超浓缩洗衣液包裹于水溶性薄膜中，遇水即溶无残留，使用时直接将凝珠丢入洗衣机内，这就要求洗衣凝珠的原料遇水即溶、低泡易漂。环氧丙烷嵌段脂肪酸甲酯乙氧基化物无凝胶化现象，冷水易溶，具有优异的控泡性能，易于漂洗并能增强衣服之间的摩擦力，有利于它对顽固污垢的去除，提高机洗的效率，其各种性能适用于洗衣凝珠的制作与加工。

3.9.2　餐具液体洗涤剂

3.9.2.1　餐具洗涤剂的配方

餐具洗涤剂又称为洗洁精，外观透明、带有水果香气、去污力强、乳化去油性能好、泡沫适中、洗后不挂水滴、安全无毒。

设计餐具洗涤剂的配方时，应注意以下几点。

a.设计配方时应考虑表面活性剂的配伍效应以及各种助剂的协同效应，如脂肪醇聚氧乙烯醚（AEO）与脂肪醇聚氧乙烯醚硫酸钠（AES）复配后，可提高产品的发泡性和去污性。普通型餐具洗涤剂中表面活性剂含量为20%左右，而浓缩型的餐具洗涤剂中表面活性剂含量达40%以上。配方中加入乙二醇单丁醚，有助于去除油垢；加入月桂酸二乙醇胺可以增加泡沫稳定性，减少对皮肤的刺激，还可提高产品的黏度；加入羊毛脂及其衍生物可防止餐具洗涤剂对皮肤的刺激，滋润皮肤。

b.餐具洗涤剂一般都是高碱性的，目的是提高产品的去污力和减少活性物的用量，并降低成本，但pH不能大于10.5。

c.餐具洗涤剂大多数为透明状液体，并且具有一定的黏度，一般为150～300 MPa·s，调整产品的黏度主要利用无机盐。

d.高档的餐具洗涤剂中加入釉面保护剂，如醋酸铝、三甲酸铝、磷酸铝盐、硼酸酐及其混合物。

e.配方中有很少量香精和防腐剂。

3.9.2.2　手洗餐具洗涤剂

洗涤剂是由表面活性剂、水溶助长剂、螯合剂、增稠剂、防腐剂、着色剂和香精等组成，主要洗涤附着于塑料、陶瓷、金属以及玻璃等材质上的蛋白质、油脂、碳水化合物以及它们的分解物等。在进行配方组分选择时，单纯使用一种表面活性剂的情况很少，一般都是以阴离子表面活性剂为主，并配以适量的非离子表面活性剂和两性表面活性剂，即采用多种表面活性剂混合复配使用。

（1）普通型

普通型餐具洗涤剂表面活性剂的含量较低，约为20%，配制简单，但应注意若配方中含有AES时，应先将AES溶解后，再加入其他的表面活性剂。

（2）浓缩型

浓缩型餐具洗涤剂与高密度浓缩洗衣粉一样，具有节省包装、运输方便、无效组分少的优点，已成为目前研究的热点。在"结构型"浓缩液中含有阴离子表面活性剂，含量可达30%～50%，另外含有三聚磷酸钠（STPP）或沸石、漂白剂和酶制剂，其密度可达到$1.2g \cdot cm^{-3}$。"非结构型"浓缩液的密度约为$1.0g \cdot cm^{-3}$，为了保持产品良好的透明外观，常加入大量的增溶剂，用量可达15%以上。

由于浓缩液中阴离子表面活性剂含量很高，往往其黏度过大，几乎成为膏状，给制备带来困难，解决的方法有两种：一是制造时使用高剪切混合器；二是选择合理制备工艺和合理的投料顺序。

3.9.2.3　机洗餐具洗涤剂

家用自动洗碗机使用方便，具有清洁力强、节水的优点，可以代替双手清洗餐具，让人们可以节省更多的时间陪伴家人。自动洗碗机清洗过程温度高、时间长，餐具清洁的过程同时伴随消毒除菌，餐具洗完后还可以暂时存放在洗碗机中，这些都成为人们选择自动洗碗机的理由。

机洗餐具洗涤剂的剂型有粉末、片状和液状。通常，机械洗涤餐具方式有高压水泵喷洗法和用高速旋转叶轮搅拌法。无论采用何种方法，对洗涤剂的要求都是去油污能力强、易漂洗、不留痕迹、安全无毒并且无泡（或低泡）。一般来说，非离子表面活性剂虽比阴离子表面活性剂的发泡性低，但仍然产生一定泡沫，所以要尽量少用表面活性剂，多用碱性添加剂和磷酸盐等助剂，以增强去污效果。对于硬水，应添加磷酸三钠和强碱性的化合物，也可添加葡萄糖酸钠。

3.9.3　洗发香波

香波是英文shampoo的音译，原意为洗发剂。由于这一译名形象地反映了这类商品的一个特征，即洗后留有芳香，久而久之，香波就成了洗发用品的称呼。洗发用品的种类有很多，按产品形态分类，可以分为块状、粉状和液体等。其中，液体洗发香波是最常用的品种。

洗发水是人们日常生活中去除头皮和头发上的污垢，并保持头皮和头发清洁的用品。洗发水的主要成分有表面活性剂、增稠剂、调理剂、防腐剂等，其中最重要的成分是表面活性剂。表面活性剂的作用不仅包括清洁、起泡、控制流变行为，也对阳离子絮凝起关键作用。

3.9.3.1　去头皮屑香波

医学研究证实，当真菌异常繁殖时，就会刺激皮肤细胞分泌过量皮脂，从而产生大量的头皮屑，同时引起头皮发痒。因此，通过抑制或杀灭致病真菌，清洁头皮，消除产生头皮屑和瘙痒的根源，就可以达到去屑止痒的目的。

去头皮屑香波为液体或膏状，可抑制头皮角化细胞的分裂，并具有抗微生物和杀菌的作用，从而起去屑止痒作用。从配方分析，去头皮屑香波中除了起洗涤作用的表面活性剂外，还有多脂剂、香精和去屑止痒剂。其中，去屑止痒剂是特效组分，不同的去屑止痒剂，除了去屑止痒效果不同外，还会影响产品的剂型和外观。作为洗发香波的去屑止痒剂应具备以下条件：无毒、无异味、无刺激性或低刺激性，杀真菌效果好，良好的配伍性能，稳定性好，对产品本身无不良影响。常用的去屑止痒剂如下。

水杨酸、硫黄、二硫化硒、硫化镉这些物质是早期使用的去屑止痒剂，具有杀菌性，但刺激性大，效果较差，不适合儿童，加入量一般在2%～5%。水杨酸、硫黄只有杀菌作用，去屑效果很不理想，只能维持一天左右，而且刺激性大，且水杨酸易被皮肤吸收。

十一烯酸及其衍生物对人体皮肤和头发的刺激性小，具有良好的配伍性、水溶性、稳定性和抗脂溢性，与头发角蛋白有牢固的亲和性，使用后还会减少脂溢性皮炎的产生，是一种比较有效的去屑止痒剂，加入量一般在1%～2%，对细菌、真菌具有较强的杀菌抑菌效果，具有良好的去头皮屑功能。

3.9.3.2　调理香波

调理香波除了具有清洁头发的功能外，还可以使头发好梳理，防止静电产生，使头发柔顺、富有光泽。

调理剂是指对头发具有营养、滋润功能或能使头发柔顺的物质，常用的调理剂有以下几类。

（1）对头发具有柔顺作用的阳离子表面活性剂

硬脂基二甲基苄基氯化铵、双十八烷基二甲基氯化铵、C_{12}～C_{18}烷基三甲基氯化铵、双十六烷基、双硬脂基二甲基氧化铵或它们的混合物，在香波中的用量为0.5% ～ 2.0%。

（2）油溶性蜡状物

一般为高碳醇（如十六醇）、甘油酯和其他多元醇脂肪酸酯，用量为0.5% ～ 1.5%。如果将醇与季铵盐配合使用，比例为（0.42 ～ 1.5）∶1，这样配制的产品稳定性和调理性均好，黏度适中。

（3）阳离子聚合物

如二烯丙基二甲基氯化铵与二甲基丁烯基氯化铵的共聚物。这类物质可在头发上形成一层光亮的保护膜，既可起保护头发作用，又可起滋润、柔软调理头发的作用。另外，高分子的水解蛋白还可对头发起修补、滋养作用。

3.9.3.3 药物香波

药物香波除具有一般香波的共性外，还具有药物赋予的特殊功能。药物香波中常用的药物成分如下。

（1）芦荟

芦荟汁中含有芦荟素、芦荟大黄素、糖类、氨基酸、生物酶、维生素、矿物质等多种化学活性成分，具有杀菌、导泻、解毒、消炎、保湿、防晒、抗癌等作用，在香波中具有软化头发、强壮发根、防止断发等作用。

（2）桑葚

桑葚中含有丰富的维生素A、维生素B_1、维生素B_2、维生素C、维生素D、胡萝卜素、果糖及矿物质，还含有脂肪油，具有滋养头发、乌发、生发作用。

（3）大蒜

大蒜不仅是一种营养丰富的调味品，同时也是一种具有抑菌、美容、护发、生发等功能的药品。

第 4 章

服装纤维和
染料

服装是人类进入文明社会的标志之一。服装的款式常常几年或几十年一个轮回，但是服装的面料却永远在翻新。人类从一开始使用树叶、兽皮等材料制作简单的衣物，到后来熟练使用棉、麻、丝等天然纤维材料制作衣物。到了现代，中国的服装面料也从天然纤维发展到化学合成纤维，再到功能性复合纤维的生产和应用。人们对服装面料的进一步追求，同时也促进了服装纤维的发展。

本章将从四个部分对生活中的有机化学涉及的服装纤维和染料进行简单的介绍。

4.1　天然的服饰纤维

我国是一个文明古国，有着悠久的历史和灿烂的文化。同时，我国的服饰历史悠久、工艺精致、色彩绚丽、极富民族特色，是中华优秀传统文化的重要组成部分。我国考古工作者所发现的一件件纺织文物也是勤劳勇敢的中华民族文明历史的最好见证。

已经出土的最早的葛布残片表明，早在新石器时期，我们的祖先就开始用葛纤维织出葛布，用毛纤维制成毛布或者毛毯，用于穿着和御寒保暖。无论是新石器时代遗址发现的半个切割过的蚕茧，还是考古得到的四千七百年以前的丝织品，都表明了我们的祖先在遥远的古代就已经能够利用蚕的丝进行纺织。在商周时期，人们广泛应用苎麻纺织，在《诗经》中就有"东门之池，可以沤麻"的记载。在春秋战国时期，经线起花的织锦技术已普遍流行，从战国楚墓出土的文物中就出现了花纹比较复杂的对龙对凤纹锦。

4.1.1　动物纤维

（1）丝

绫、罗、绸、缎，这四种面料分别是丝织物（俗称丝绸）的不同种类，原料都是桑蚕丝，只是织法不同。

"绫"是中国传统的丝织物，始产于汉代以前，盛产于唐、宋。绫类织物色泽漂亮、手感柔软、质地轻薄，可以做四季服装。它以斜纹组织为基本特征，可分为素绫和纹绫。素绫是单一斜纹或变化斜纹织物（图4-1），纹绫则是斜纹底上多了单层暗花织物。

"罗"为纯蚕丝织物，经丝互相绞缠后呈椒孔形。罗织物（图4-2）紧密结实、质地轻薄、丝缕纤细，又有孔眼透气、纱孔通风透凉、孔眼多却排列有序、穿着舒适凉爽，适于制作夏季服饰、刺绣坯料和装饰品。

"绸"采用平纹组织或平纹变化组织，是经纬交错紧密的丝织物。其特征为绸面挺括细密，手感滑爽。绸属于中厚型丝织物，纯桑蚕丝质地柔滑，反射的光线比较柔和（图4-3）。

"缎"（图4-4）是采用缎纹组织或缎纹变化组织，正面外观平滑、有光泽的一种比较厚的丝织品，也是丝绸产品中技术最复杂、织物外观最为绚丽多彩、工艺水平最高的一类品种。它的花样繁多、色彩丰富、纹路精细、雍华瑰丽、质感平滑光亮，且更加厚实坚固，适合制作各种外衣。

图4-1　素绫织物细节

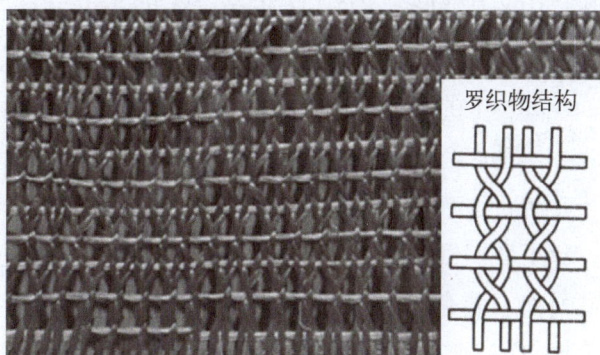

罗织物结构

图4-2　罗织物的结构细节以及结构示意图

(a)明黄江绸黑狐皮端罩

(b)明黄色江山万代暗花绸貂皮褂

图4-3　国家博物馆馆藏绸制衣物

"锦"是用彩色经纬丝织出各种图案花纹的纺织品，它的生产工艺要求高、织造难度大，所以它是古代最贵重的织物。在中国五千多年养蚕缫丝的历史里，织锦（图4-5）作为丝绸中最美丽的部分，也曾随着丝绸之路的驼队和海上丝绸之路的船队，走遍当时的世界。织锦细致紧密、质地厚实坚韧、花纹丰富、色泽绚丽，在宫廷织锦中可见一斑，但是其作为服饰的面料来说缺点是透气性比较差。

唐朝的丝织品以绫、锦最为重要。唐朝在建立时期国力较为强盛，统治时间较长，因此服饰文化也繁荣发展。唐朝的纺织技术发展迅速，服饰配色以及图案丰富多样。衣着常用彩锦、宫锦等制成，花纹有对雉、斗羊、翔凤、游麟之状，章彩华丽。与此同时，服饰中的刺绣形式多样，有五色彩绣和金银线绣等。

（2）毛

动物毛的种类很多，最主要的是绵羊毛，简称羊毛。羊毛广泛用来制造各种纺织品，也用以制毡；除羊毛外，还有山羊绒、兔毛、骆驼毛、牦牛毛等。山羊绒即我们日常所说的羊绒，是一种珍稀而昂贵的动物纤维，素有"软黄金"之称。羊毛以外的动物毛，有时统称为特种动物毛，也用来制造纺织品，可纯纺或与其他纤维混纺。

4.1.2　植物纤维

（1）麻和葛

宋朝是一个物质丰富的时代，也是文化大发展的时代。宋朝官服面料以罗为主，平民百姓最主要的服装面料为麻布，葛衣在宋朝为平民百姓、官员、皇室贵族等各阶层人士常穿的衣着。

"麻"作为荨麻科草本植物，是最古老的纺织物之一。麻的生产成本相对葛来说更加的低廉。苎麻纤维的化学成分主要有纤维素和它的伴生物半纤维素、果胶、木质素、蜡和脂肪、灰分、色素、蛋白质、矿物质等。

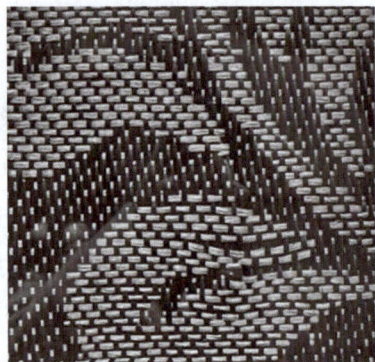

缎织物结构

丝绸围巾

图4-4　缎织物的结构和丝绸围巾

宫廷织锦

图4-5　华贵的宫廷织锦

制作麻布主要以苎麻、亚麻等为原料，苎麻纤维没有木质化，强度比较高、柔软细长、可纺织性能好，是织造夏季衣料的良好材料，它的优点是强度高，吸湿导热，透气性比较好；缺点则是穿着不是很舒适，外观也较为粗糙和生硬。苎麻原产于中国西南地区，四千多年前在中国长江中下游流域被广泛种植，它是中国特有的提供纺织原料的农作物。现在，全世界百分之九十的苎麻产自中国，因此苎麻也被称为"中国草"。

苎麻线制作工艺也相对简单（图4-6）。首先，夏至后第二十天是制麻最好的时节，此时的麻比较柔软，甚至可以接近蚕丝的柔软程度。将撕下的苎麻茎秆进行晾晒处理，晾晒处理后的苎麻纤维被拉长，捋直之后，人们用灵巧的双手将它搓成长达几十米的细长麻线，紧接着对捻好的麻线进行机纱处理，将麻线缠成整齐的一捆。

图4-6　苎麻线制作的工艺流程

图4-7　葛

"葛"（图4-7）属于藤本植物，葛的茎皮经过加工可织成布，称"葛布"。葛布可制成葛衣，也可制巾，具有质地轻、挺括、凉爽、吸湿功能好的优点。

（2）棉

棉，时至今日是较为常见的服饰纤维。棉花的原产地是印度和阿拉伯国家。当今，中国是世界上棉纺织品生产较为发达的国家之一，棉纺织行业在我国国民经济发展历程中也扮演重要的角色。

多年来，棉纺织品（图4-8）深受大家的喜欢，原因为棉布具有吸湿、保暖、耐热、耐碱等特点，穿着舒适且不易产生静电，透气性较好。而棉布的缺点则是易皱易变形，弹性比较差，易缩水易褪色，在潮湿状态下也容易发生霉变。

4.2 高分子化学与合成纤维

最初，人们获得纤维的途径极其有限，无外乎丝、麻、葛、棉花、动物毛发。人类为满足穿衣的需求，开始了对纤维的探索历程。1664年，英国人胡克在他所著的书中，首次提到人类可以模仿蚕吐丝，用人工方法生产纺织纤维。经过200多年的不断探索，

图4-8　纯棉毛巾和易皱纯棉衣物

终于在1891年首次用人工的方法工业生产了化学纤维，由此开启了化学纤维工业的历史。19世纪60年代，石油化工的发展促进了合成纤维工业的发展，合成纤维产量于1962年超过羊毛产量，1967年又超过了人造纤维，在化学纤维中占主导地位，成为仅次于棉的主要纺织原料。

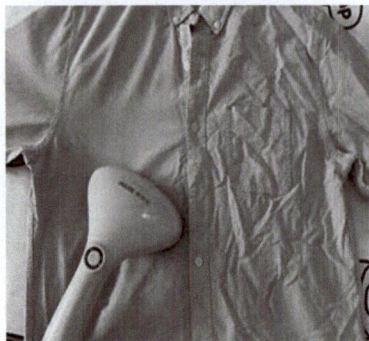

4.2.1 高分子化学的发展

在几千年以前，人类就开始利用一些天然的高分子化合物了，如丝、棉、麻、毛等。虽然古代还没有现代的化学知识，但是很多对天然高分子化合物的利用过程都涉及了化学知识。到了近代，人们开始利用化学知识进行高分子反应。

从19世纪中叶的高分子改性到现在的高分子合成，人类对高分子化学的研究已经持续了100多年，在这100多年里，人们的生活也从高分子化学中广泛受益。无论是日常生活中的塑料、涂料、合成纤维，还是在科研、航空航天、医药等领域，高分子材料都得到了极为广泛的应用，成为社会进步不可缺少的基石。

高分子化合物，简称高分子，又称聚合物（图4-9），一般指分子量高达几千到几百万的化合物，绝大多数高分子化合物是许多分子量不同的同系物的混合物，因此高分子化合物的分子量是平均分子量。高分子化合物是由千百个原子以共价键相互连接而成的，虽然它们的分子量很大，但都是以简单的结构单元和重复的方式连接的。

4.2.2　高分子材料的分类

天然高分子是指没有经过人工合成，天然存在于动植物和微生物体内的大分子有机化合物。天然高分子作为可再生、可持续发展的资源，在能源日益紧迫的今天，开始表现出越来越重要的经济和战略意义。天然高分子材料（图4-10）有很多，多糖类天然高分子材料，如纤维素、淀粉、木材等；蛋白质类天然高分子材料，如明胶、蚕丝、羊毛（绒）、兔毛等。

特种高分子材料主要是具有优良机械强度和耐热性能的高分子材料，如聚碳酸酯、聚酰亚胺等材料，已广泛应用于工程材料上。神舟十二号载人飞船采用了由航天科技集团五院529厂历时两年精心研制的一款新型低吸收-低发射热控涂层。神舟十二号载人飞船迎向太阳侧的舱体表面温度达到90℃，而背向太阳侧的舱体表面温度则达到-30℃。而这种热控材料具备对太阳辐照的低吸收强反射能力，可以大大减少飞船受太阳长时间辐照内部温度升高现象；再通过极低的红外发射特性，在飞船处于背阳面时减少辐射漏热，大大减缓舱内温度下降速度，起到保温效果。

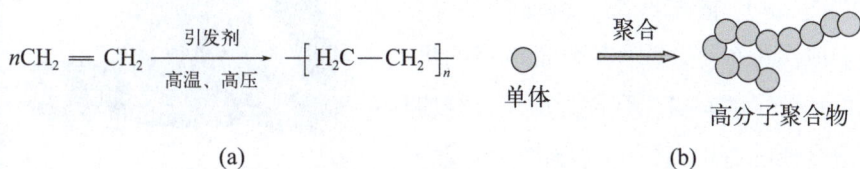

图4-9　聚合反应过程和聚合反应简易示意图

图4-10　一些天然高分子材料

工程应用中常见的高分子材料为聚酰胺、聚碳酸酯、多聚甲醛、热塑性聚酯。

生命中的高分子包括蛋白质和核酸等，其中核酸是所有已知生命形式必不可少的组成物质，是所有生物分子中最重要的物质，广泛存在于所有动植物细胞、微生物体内。蛋白质是生命的物质基础，是有机大分子，也是构成细胞的基本有机物，是生命活动的主要承担者。

通用高分子材料包括通用合成塑料、通用合成橡胶和通用合成纤维。通用高分子材料的应用面极广，涉及家电、化工、冶金、汽车和电子等重要领域（图4-11）。

4.3　化学纤维

常用的化学纤维成分包括再生纤维素纤维和合成纤维两大类。再生纤维素纤维是以天然纤维素（棉、麻、竹子、树、灌木）为原料，不改变它的化学结构，仅仅改变它的物理结构，从而制造出来性能更好的纤维。再生纤维素纤维包括黏胶纤维（包括人造棉、莫代尔、莱赛尔等）、醋酯纤维、铜氨纤维等。合成纤维是指用合成高分子化合物作原料而制得的化学纤维的统称，以小分子的有机化合物为原料，经加聚反应或缩聚反应合成的有机高分子化合物。合成纤维包括涤纶（PET，聚酯纤维）、尼龙（PA，聚酰胺，我国称为绵纶）、腈纶（PAN，聚丙烯腈纤维，人造羊毛）、氨纶（聚氨基甲酸酯纤维）等。

4.3.1　"会呼吸的面料"——
再生纤维素纤维

再生纤维是以纤维素和蛋白质等天然高分子化合

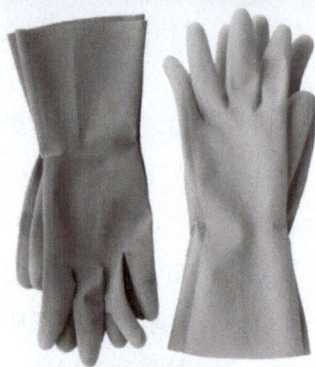

图4-11　一些人工合成高分子材料

物为原料，经化学加工制成高分子浓溶液，再经纺丝和后处理而制得的纺织纤维（图4-12）。

4.3.1.1 黏胶纤维

1891年，克罗斯（Cross）、贝文（Bevan）和比德尔（Beadle）等以棉为原料制成纤维素黄原酸钠溶液，因为其黏度很大，所以将其命名为"黏胶"。黏胶遇酸后，纤维素又重新析出，1893年发展成为一种制造纤维素纤维的方法，这种方法制备的纤维就叫"黏胶纤维"。

黏胶纤维的生产（图4-13）是先用烧碱、二硫化碳处理天然棉花，得到橙黄色的纤维素黄原酸钠。再将纤维素黄原酸钠溶解在稀氢氧化钠溶液中，成为黏稠的纺丝原液。黏胶通过喷丝孔形成细流进入含酸凝固浴，黏胶中的碱被中和，细流凝固成丝条，纤维素、黄酸酯分解再生成水化纤维素，成形后纤维需经过水洗、脱硫、酸洗、上油和干燥等后处理加工，最后可得到黏胶短纤维。

根据原料和纺丝工艺的不同，黏胶纤维的种类可以分为以下几种：普通黏胶纤维，具有一般的力学性能和化学性能，普通黏胶纤维又分为棉

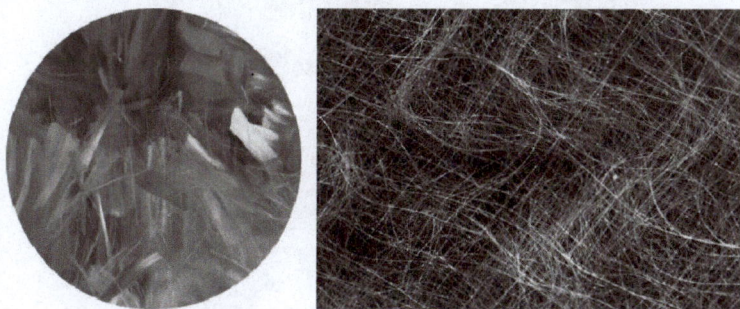

图4-12 再生纤维素纤维

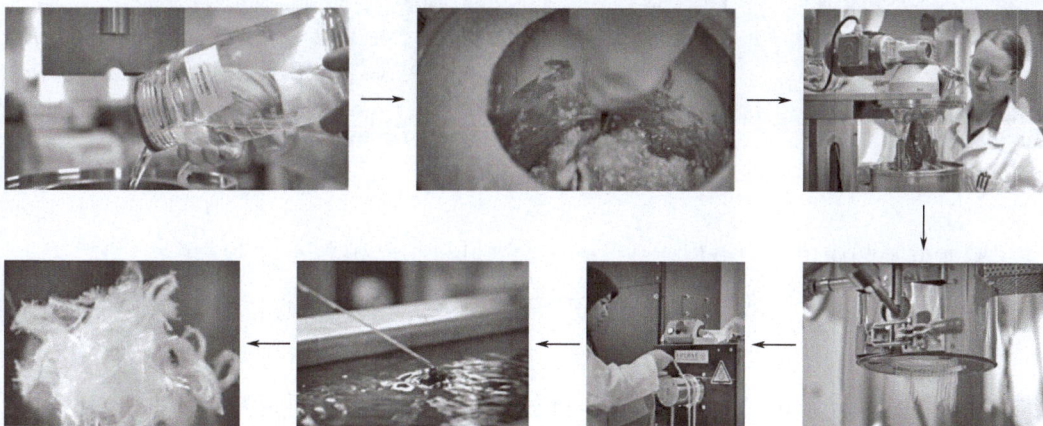

图4-13 黏胶纤维生产过程示意图

型、毛型和长丝型，俗称人造棉、人造毛和人造丝；高湿模量黏胶纤维，具有较高的聚合度、强力，在湿态下可以承受比较大的负荷，主要有富强纤维；强力黏胶纤维，具有较高的强力和耐疲劳性能；改性黏胶纤维是具有较高勾结强度、较小脆性的纤维。

黏胶纤维的优点是吸湿性好，不易起静电，织物柔软、光滑、透气性好，穿着舒适，易于染色，染色后色泽鲜艳、色牢度好，断裂强度比棉小。但是它缩水率较高而且容易变形，弹性、耐磨性较差。

黏胶纤维有以下几个主要的品种。黏胶短纤维可纯纺，也可与羊毛混纺，做花呢、大衣呢。富强纤维纯纺可做细布、府绸等，与棉、涤纶等混纺，生产各种服装（图4-14）。黏胶强力丝强力比普通黏胶丝高一倍，加捻织成用作轮胎等橡胶制品骨架的帘布，用于汽车、马车轮胎。黏胶丝可制作服装、被面、床上用品和装饰品；与棉纱交织，可制作羽纱；与蚕丝交织，可制作乔其纱、织锦缎等；与涤纶、尼龙长丝交织，可制作晶彩缎、古香缎。

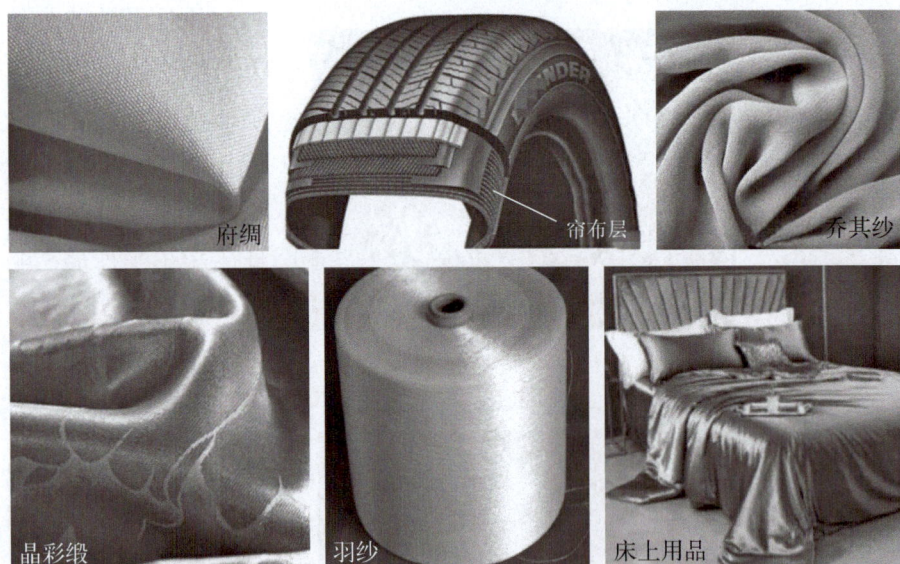

图4-14　黏胶纤维各品种的产品图

黏胶纤维的应用范围也很广泛。在服装及装饰用纺织品方面，适用于制作西装、毛毯的改性黏胶纤维，适用于编制女帽、提包的空心黏胶纤维；可制作服装、被面、床上用品的黏胶丝。在工业用途方面，高强力黏胶纤维可用于制作轮胎帘布、运输带（图4-15）。黏胶纤维与环氧树脂等制成的复合材料可用作空间技术的烧蚀材料。含有各种阻燃剂的黏胶纤维可用在高温和防火的工业部门。在医疗用途方面，中空黏胶纤维有透析作用可用作人工肾脏，经处理后的黏胶纤维还可制成止血纤维，含钡的黏胶长丝适宜制作医用缝线。

黏胶纤维很好地补充了天然纤维的不足，且在质量上也高于天然纤维以及合成纤维，广泛应用于衣着用料、纺织品工业、农业、国防、科学研究等领域。我国黏胶纤维从20世纪50年代起开始发展，特别是改革开放后，产量已经处于世界领先位置，在我国积极提倡"自主创新"的背景下，企业在技术研发方面也获得不小的成就，相继生产了很多功能性齐全、差异化的新产品，很大程度上推动了我国黏胶纤维的健康发展。

黏胶纤维面料由于本身较多的优点，制成的衣物深受大众喜爱，成衣向欧美市场出口前景较好，这些都会带动黏胶纤维需求量增长。随着人们生活水平的提升，对面料的需求也逐渐增多，工业的蓬勃发展促使黏胶纤维更新换代，只有技术不断提升才可以推动行业可持续性发展。我国本身棉短绒资源就较为富足，因此在原材料方面有一定的优势，国外黏胶纤维产量逐年下降，为我国进军国际市场提供了机遇。我国黏胶纤维工业在未来的发展中，应注意环保发展的需求，提高对传统黏胶纤维生产中污染治理的关注，加大力度做好环境保护工作，减少工业发展对环境的破坏，才能使国内的黏胶纤维产业得到长远的发展，推动企业生态以良好的态势前进。

(a)
帘布

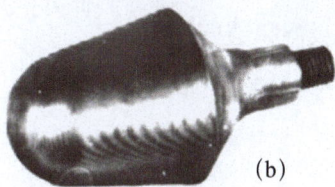
(b)
烧蚀材料：一种固体防热材料，主要用于导弹头部、航天器再入舱外表面和火箭发动机内表面

图4-15　帘布、烧蚀材料

莫代尔

莫代尔也叫莫代尔纤维，它的英文名称为Modal。莫代尔是奥地利兰精（Lenzing）公司开发的高湿模量黏胶纤维的再生纤维纤维素，该纤维的原料是欧洲的榉木，先将其制成木浆，再通过专门的纺丝工艺加工成纤维。原料100%是天然的，对人体无害，能自然分解，对环境无害。莫代尔纤维与棉一样同属纤维素纤维，具有天然纤维的吸湿性。

莫代尔面料（图4-16）具有很多的优点，比如具有棉的柔软、丝的光泽、麻的滑爽。莫代尔纤维吸湿能力、透气性能都优于棉，这使莫代尔纤维织物可保持干爽、透气，是理想的贴身织物和保健服饰面料，它有利于人体的生理循环和健康；莫代尔纤维的着色性能较好，且经过多次洗涤仍然保持鲜艳如新，具有较高的上染率，织物颜色明亮、饱满、印花图案分色清晰、色牢度好，没有纯棉服装易褪色、发黄的缺点；莫代尔纤维面料越洗越柔软，越洗越亮丽；莫代尔纤维与棉纤维相比，具有良好的形态与尺寸稳定性，使

图4-16　莫代尔面料

织物具有天然的抗皱性和免烫性，使穿着更加方便、自然。总的来说，莫代尔纤维手感滑爽、细腻，悬垂性好，色泽鲜亮，耐磨防皱。

总体来说，莫代尔面料也具有一定的缺点。正因为莫代尔面料是比较轻薄型的，所以它的最大缺点就是极其容易变形，而且挺括性较差。

4.3.1.2　醋酯纤维

醋酯纤维是以醋酸和纤维素为原料，经酯化反应制得的一种再生纤维素纤维。醋酯纤维面料色泽艳丽且悬垂感好，具有很好的吸湿和透气性能，具备真丝的轻盈滑爽，不起球，抗静电。醋酯纤维面料的缺点是很容易被撕破断裂，染色性不好，耐碱性不强。

4.3.1.3　铜氨纤维

铜氨纤维是将棉短绒等天然纤维素原料溶解在氢氧化铜或碱性铜盐的浓氨溶液中，经过滤、脱泡等一系列的工序制得的。

铜氨纤维制作成的面料具有多种优点，比如透气、吸湿、抗静电、悬垂等，这种面料的质感很柔顺，与丝绸很像，而且铜氨面料的抗静电效果也很不错，这种效果在寒冷干燥的冬天会更明显，给人很舒适的触感。铜氨纤维比黏胶纤维更细，属于比较脆弱的纤维，具有不耐酸碱、不耐热、易皱等缺点。

4.3.2　三大合成纤维

合成纤维是将人工合成的、具有适宜分子量并具有可溶（或可熔）性的聚合物，经纺丝成型和后处理而制得的化学纤维。其是以小分子的有

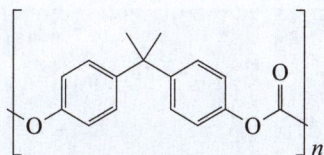

聚碳酸酯

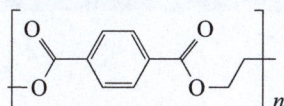

聚对苯二甲酸乙二醇酯

图4-17　聚碳酸酯和PET

机化合物为原料，经加聚反应或缩聚反应合成的有机高分子化合物。其生产过程主要涉及三大工序：合成聚合物制备、纺丝成型、后处理。三大合成纤维分别有：涤纶（PET），又称聚酯纤维（学名为聚对苯二甲酸乙二醇酯），俗称的确良；尼龙（PA），在我国称为锦纶，学名聚酰胺；腈纶（PAN），学名聚丙烯腈，国外则称为"奥纶""开司米纶"。

4.3.2.1　抗皱的涤纶

（1）涤纶的发展历史

在涤纶产生之前沃尔兰德（Vorlander）用丁二酰氯和乙二醇制得低分子量的聚酯，恩克恩（Einkorn）合成了聚碳酸酯（图4-17），卡洛泽斯（Carothers）合成了脂肪族聚酯。这些早年合成的聚酯大多为脂肪族化合物，其分子量和熔点都较低，易溶于水，故不具有纺织纤维的使用价值。

英国的温菲尔德（Whinfield）和迪克松（Dickson）用对苯二甲酸二甲酯（DMT）和乙二醇（EG）合成了聚对苯二甲酸乙二醇酯（PET），这种聚合物可通过熔体纺丝制得性能优良的纤维。美国首先建厂生产PET纤维，PET纤维是大品种合成纤维中发展较晚的一种纤维。

其实杜邦公司作为发明者最先创造了聚酯纤维，但却在初期放弃了它，而是更青睐于尼龙。当其他研究人员利用芳香酸来制造聚合物从而提高了聚酯纤维的化学性能之后，杜邦公司又于20世纪40年代最终买下了该产品的所有权，并于1950年实现了它的商业化，令聚酯纤维成为该公司聚合物产品中的支柱产品之一。

（2）涤纶的性能与特点

回潮率：涤纶的吸湿性低，其湿强度下降少，织物可穿性好，但织物透气性差。电性能：吸湿性低，因此其导电性差，在加工及穿着时静电现象严重。密度：其密度与羊毛接近，因此强度高、弹性超强接近羊毛。颜色：涤纶一般为乳白色并带有丝光，生产无光产品需在纺丝之前加入消光剂TiO_2，生产纯白色涤纶产品需加入增白剂，生产有色丝则需在纺丝熔体中加入染料（图4-18）。模量高：使涤纶织物尺寸稳定，不变形、不走样、褶裥持久。回弹性好：其弹性接近于羊毛，抗皱性超过其他纤维织物。耐

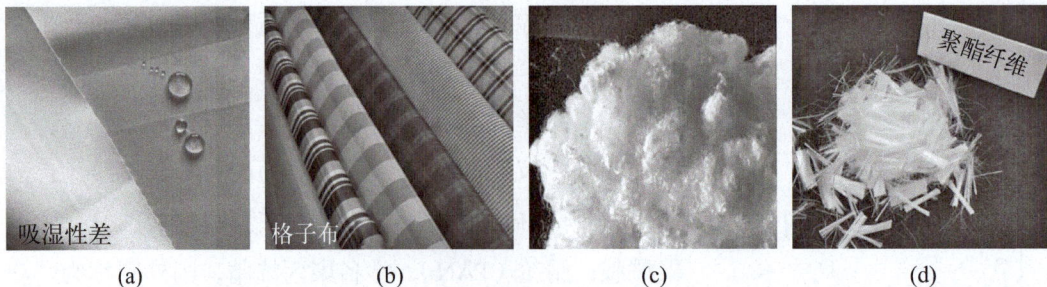

|(a)|(b)|(c)|(d)|

图4-18　涤纶面料的产品（a）、（b）和聚酯纤维原材料（c）、（d）

磨性：其耐磨性仅次于锦纶，超过其他合成纤维。涤纶的化学稳定性强，耐酸碱，涤纶对酸，尤其是有机酸很稳定，在低温下对稀碱或弱碱才比较稳定。耐溶剂性：涤纶对一般非极性有机溶剂有强的抵抗力，即使在室温下对极性有机溶剂也有强的抵抗力。耐微生物性：涤纶耐微生物作用，不受蛀虫、霉菌等作用，收藏涤纶衣物无需防虫蛀，织物保存较容易。

　　涤纶是三大合成纤维中工艺最简单的一种，价格也相对便宜。涤纶最大的优点是抗皱性和保形性很好，同时具有较高的强度与弹性恢复能力、尺寸稳定性好、面料挺括、织物较为耐磨、坚牢耐用、抗皱免烫、不粘毛、耐腐蚀、绝缘、易洗快干等。相应的，涤纶纤维也有一些缺点，涤纶在纺织加工中易产生静电现象和染色困难，因此它易带静电，容易沾污灰尘，染色性较差，吸汗性、吸湿性与透气性差，穿着有闷热感，抗熔性较差，遇火星易熔成孔洞等。

防静电袖套

　　（3）涤纶的改性

　　涤纶和天然纤维相比存在含水率低、透气性差、染色性差、容易起球起毛、易沾污等缺点。为了改善这些缺点，一般采取化学改性和物理改性的方法，通过改性技术赋予传统涤纶（PET纤维）一些新的性能，使其具有更"专业"的技术特征。从产业链角度来说，涤纶及其改性纤维促进了下游纺织品包括技术纺织品市场的蓬勃发展，也对提升经济效益发挥了重要作用（图4-19）。

图4-19
改性聚酯纤维的产品

170

常见的涤纶改性化学方法有以下几种：添加具有亲水基团的单体或低聚体聚乙二醇等进行共聚，能提高纤维的吸湿性；添加具有抗静电性能的单体进行共聚，可以提高纤维的抗静电和抗沾污性能；添加含磷、含卤素和锑的化合物以改善纤维耐燃烧性。

（4）涤纶的用途（图4-20）

作为纺织材料，涤纶短纤维可以纯纺，也特别适于与其他纤维混纺，既可与天然纤维如棉、麻、羊毛混纺，也可与其他化学短纤维如黏胶纤维、醋酯纤维、聚丙烯腈纤维等短纤维混纺。其纯纺或混纺制成的仿棉、仿毛、仿麻织物一般具有聚酯纤维原有的优良特性。涤纶的用途很广，大量用于制造衣着面料和工业制品。纺织：男女衬衫、外衣、儿童衣着、室内装饰织物和地毯等。工业：轮胎帘布、运输带、消防水管、缆绳、渔网等。它也可用作耐酸过滤布和毛毯、医药工业用布、絮绒、衬里等。

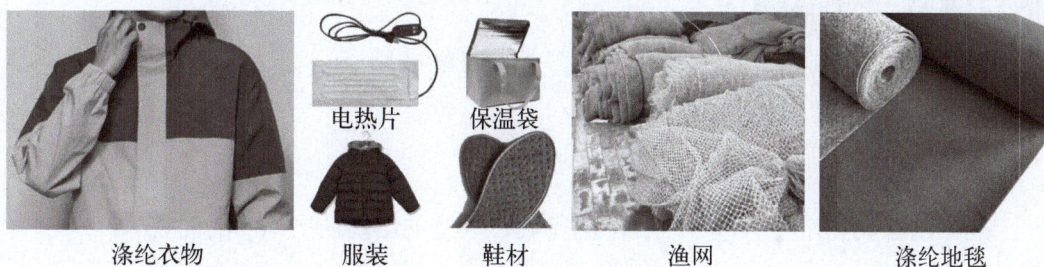

电热片　保温袋

涤纶衣物　　　　服装　　　鞋材　　　　　渔网　　　　　涤纶地毯

图4-20　涤纶产品在日常生活的应用

4.3.2.2　耐磨的尼龙

（1）发展历史

尼龙是聚酰胺纤维的商品名称，是由脂肪族二胺和脂肪族二酸通过酰胺键连接而成的聚合物。尼龙的合成是合成纤维工业的重大突破，同时也是高分子化学的一个非常重要里程碑。

1928年美国最大的化学工业公司——杜邦公司开始实施一项基础研究计划，由卡罗瑟斯（Carothers，1896—1937）博士领导基础有机化学的研究工作。

卡罗瑟斯深入研究了可以生成缩合聚合产物的酯化、酰胺化等反应，成功合成了多种高分子，并发现：当聚合度大于一定值之后，缩合聚合产物可以纺成丝，得到高抗拉强度的柔韧纤维。他研究的多种缩聚产物中就包含了世界上第一种用于工业生产的聚酰胺——聚酰胺-66（图4-21）。这是一种以己二胺和己二酸缩聚而成的高分子，两个数字分别代表二胺单体和二酸单体中的碳数。聚酰胺-66不溶于普通溶剂，熔点高于通常使用的熨烫温度，拉制的纤维具有丝的外观和光泽，在结构和性质上也接近天然丝，其耐磨性和强度超过当时任何一种纤维。卡罗瑟斯将聚酰胺类物质命名为"Nylon"（尼龙），并申请注册了尼龙-66的专利，且由杜邦公司于1939年开始工业化量产。故聚酰胺-66又称为尼龙-66，而"尼龙"一词成了聚酰胺这一类有机化合物的俗称。

华莱士·卡罗瑟斯
（1896—1937）

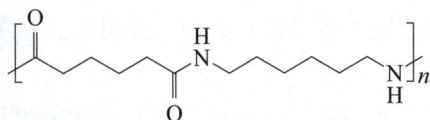

聚酰胺-66

图4-21 卡罗瑟斯和聚酰胺-66结构

　　尼龙的合成奠定了合成纤维工业的基础，尼龙的出现使纺织品的面貌焕然一新。1939年10月24日公开销售的尼龙丝长袜引起轰动，被人们视为珍奇之物而争相抢购。到1940年5月，尼龙纤维织品的销售遍及美国各地。第二次世界大战爆发，尼龙工业被转向制造降落伞、飞机轮胎帘布、军服等军工产品。第二次世界大战后尼龙发展非常迅速，产品从丝袜、衣服到地毯、绳索、渔网等，以难以计数的方式出现。

　　1958年4月，第一批国产己内酰胺样品终于在辽宁省锦西化工厂（位于现辽宁省葫芦岛市）试制成功。产品送到北京纤维厂一次抽丝成功，从此拉开了中国合成纤维工业的序幕。因为它诞生在锦西化工厂，所以这种合成纤维在国内又称"锦纶"。

　　（2）用途

　　聚酰胺熔融纺成丝后有很高的强度，可用于制作合成纤维，可用于制作医用缝线。尼龙长丝多用于纺织及服装工业，生产如单丝袜、弹力丝袜、纱巾、蚊帐、弹力外衣等各种产品。尼龙短纤维大都用来与羊毛或其他化学纤维的毛型产品混纺，制成各种耐磨衣料。

尼龙纤维可用于制作核酸拭子（图4-22）。由于尼龙是静电植绒上去的，所以其非常牢固，在喉咙里刮蹭的时候不会有纤维掉落。尼龙拭子细密的绒毛都是竖直朝外的，在摩擦喉咙时容易吸附检测样本，同时在试管溶液中又容易释放出来，这样尽可能让检测的准确性更高。除此之外，在刑事案件的DNA提取中也经常使用尼龙植绒拭子。

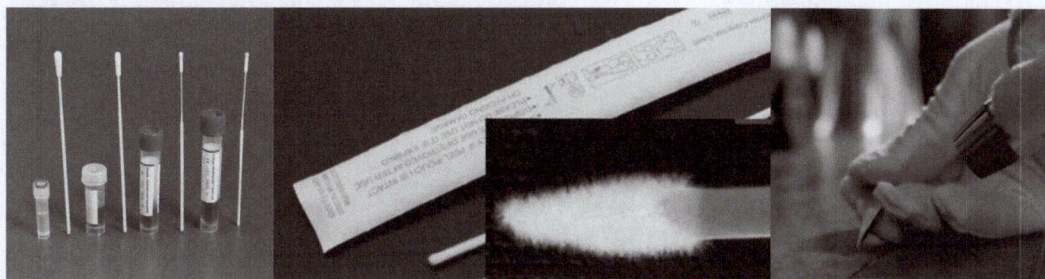

图4-22　市面上常用的核酸拭子

用尼龙制成的合成纤维，优点有耐磨性好、弹性好、强度高、染色性好、耐碱性和耐还原剂作用好、不怕霉、不怕虫蛀等；缺点为耐热性差、耐光性差、吸湿性差、耐酸性差、耐氧化剂作用差、易带静电、易变形。

（3）尼龙（PA）的改性

随着汽车的小型化、电子电气设备的高性能化、机械设备轻量化的进程加快，这些现代工业产品对作为结构性材料的尼龙提出了越来越高的性能要求。因此，必须通过改性提高其某些性能，来扩大其应用领域。

增强PA：在PA中加入30%的玻璃纤维后，PA的力学性能、尺寸稳定性、耐热性、耐老化性能有明显提高，耐疲劳强度是未增强时的2.5倍。高强度高刚性PA的市场需求量越来越大，新的增强材料如碳纤维增强PA将成为重要的品种，主要用于汽车发动机部件、机械部件以及航空设备部件（图4-23）。

阻燃PA：在PA中加入了阻燃剂，提高了尼龙的阻燃性，以适应电子、电气、通信等行业的要求。绿色化阻燃PA越来越受市场的重视。

耐候PA：在PA中加入了炭黑等吸收紫外线的助剂，提高PA的耐热性，以适应如汽车发动机等须具备耐高温性能产品的生产。

透明PA：具有良好的拉伸强度、耐冲击强度、刚性、耐磨性、耐化学性、表面硬度等性能，透光率高，与光学玻璃相近。

玻纤增强PA

线圈骨架

齿轮

图4-23　增强PA产品

市面上常见的太阳镜使用比较多的是树脂镜片和尼龙镜片（图4-24）。尼龙镜片有较高的弹性、优良的光学品质，抗冲击性能极强，重量大约只有同等体积玻璃的十分之一、传统树脂镜片的一半。但尼龙镜片耐磨度较差，生产成本高。

透明PA

透明尼龙镜片

图4-24　透明PA、透明尼龙镜片

4.3.2.3　"合成羊毛"——腈纶

腈纶纤维，学名聚丙烯腈纤维，是以丙烯腈为主要单体与少量其他单体共聚，经纺丝加工而成的纤维。它的主要特点是外观、手感、弹性、保暖性等方面类似羊毛，所以有"合成羊毛"之称。腈纶纤维的用途广泛，原料丰富，发展速度很快，现今已是三大合成纤维之一，其产量仅次于涤纶和尼龙。

（1）发展历史

早在一百多年前人们就已经制得聚丙烯腈，但是因为没有合适的溶剂，因此未能制成纤维。1942年，德国人H. 莱因与美国人G. H. 莱瑟姆几乎同时发现了 *N,N*-二甲基甲酰胺溶剂，并成功得到了聚丙烯腈纤维（图4-25）。1950年，美国杜邦公司首先实现了聚丙烯腈纤维的工业生产。之后，又发现了多种溶剂形成了多种生产工艺。1954年，德国拜耳公司用丙烯酸甲酯与丙烯腈的共聚物制得纤维，改进了纤维性能，提高了实用性，促进了聚丙烯腈纤维的发展。1984年，聚丙烯腈纤维的世界产量为2.4Mt。在此之后

聚丙烯腈纤维

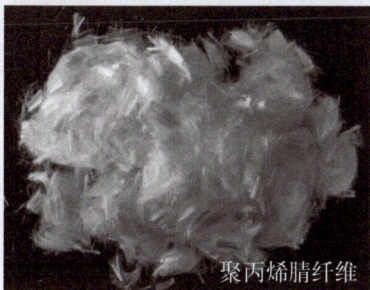

图4-25　聚丙烯腈纤维

腈纶被广泛用于工业生产中。

（2）性能及用途

聚丙烯腈纤维的性能极似羊毛，保暖性比羊毛高，有合成羊毛之称。腈纶蓬松、卷曲而柔软，弹性较好，但多次拉伸的剩余形变较大，因此腈纶织物的袖口、领口等易形变。腈纶具有较好的热回弹性，腈纶为高收缩纤维，即在外力作用下，强迫其热拉伸而具有热弹性的纤维。腈纶耐光性和耐候性特别优良，在常见纺织纤维中最好，对日光的抵抗性也比羊毛好，因此腈纶最适宜制作室外用织物。腈纶耐热性好，在合成纤维中仅次于涤纶居第二位，且耐酸、耐氧化剂和有机溶剂。腈纶织物不易发霉，不怕虫蛀，但耐磨性是各种合成纤维织物中最差的，除此之外尺寸稳定性也较差。

腈纶的品类同样多种多样，如用100%毛型腈纶纤维加工的精纺腈纶女式呢，其色泽艳丽、手感柔软有弹性、质地不松不烂，适合制作中低档女式服装。采用100%的腈纶膨体纱为原料，可制得平纹或斜纹组织的腈纶膨体大衣呢，具有手感丰满、保暖轻松的毛型织物特征，适合制作春秋冬季大衣、便服等。腈纶混纺织物，是由毛型或中长型腈纶与黏胶纤维或涤纶混纺的织物，包括腈/黏女式呢、腈/涤花呢等。腈/黏女式呢是以85%左右的腈纶和15%左右的黏胶纤维混纺成的，呢面微起毛、色泽鲜艳、呢身轻薄、耐用性好、回弹力差，适宜制作外衣。腈/涤花呢是由腈、涤各占40%和60%混纺而成的，因多以平纹、斜纹组织加工，故具有外观平挺、坚牢免烫的特点，其缺点是舒适性较差，因此多用作外衣、西服套装等中档服装的面料。

（3）改性腈纶

为了弥补腈纶纤维的不足，改善腈纶纤维固有的缺点，市面上出现了品种齐全的改性腈纶纤维。例如仿羊绒腈纶，有短纤维和毛条两种，具有天然羊绒那种平滑、柔软而富有弹性的手感，保暖、透气性能良好，同时具有腈纶优良的着色性能，使腈纶产品更加鲜艳美观，细腻滑爽，适合制作轻薄型服饰，价廉物美。抗菌导湿腈纶纤维是采用高科技的Chitosante活化剂制成的织物，具有抗菌、防霉、除臭、护肤、吸湿、抗静电、抗皱等功能。由于Chitosante有吸附、渗透、固着等作用，其与纤维永久性结合，无需树脂接着，且耐水洗性极佳。它没有污染环境和损害人体的副作用，创造了一种天然、清新、洁净、卫生、健康和舒适的功能性衣着效果，是一种兼具多种功能的新一代腈纶产品。抗静电腈纶纤维可改善纤维的导电性能，有利于纺织后加工，同时可改善织物的起球、沾污、黏附皮肤现象，对人体无不良副作用。

4.3.3　常见纤维的特点对比

黏胶纤维：黏胶是普通化纤中吸湿性最强的，着色性很好，织物耐碱不耐酸，穿着舒适感好，黏胶弹性差，湿态下的强度、耐磨性很差，所以黏胶不耐水洗，尺寸稳定性差。黏胶纤维长丝可以制作衬里、旗帜、飘带、轮胎帘布等；短纤维制作仿棉、仿毛。

涤纶：挺括不皱。涤纶纤维强度高、耐冲击性好，因此保形性好。它耐热、耐腐蚀、耐虫蛀、耐酸不耐碱、耐光、吸湿性差、染色困难。涤纶纤维长丝常作为低弹丝，制作各种纺织品。短纤维可与棉、毛、麻等纤维混纺，工业上可制作轮胎帘布、渔网、绳索、滤布、绝缘材料等。除此之外，涤纶是化纤中用量最大的。

尼龙：结实耐磨。尼龙纤维的优点是结实耐磨、密度小、织物轻、弹性好、化学稳定性也很好、耐碱。其缺点是耐光性不好，织物久晒就会变黄、强度下降，吸湿性也不好，但比腈纶、涤纶好，不耐酸。尼龙纤维长丝，多用于针织和丝绸工业；尼龙纤维短丝大多与羊毛或毛型化纤混纺，工业上可制作帘布和渔网，也可制作地毯、绳索、传送带、筛网等。

腈纶：腈纶纤维耐光性与耐候性很好，在纤维中居第一位，吸湿性差、染色难。它可纯纺也可混纺，可制成多种毛料、毛线、毛毯、运动服、人造毛皮、长毛绒、膨体纱、水龙带、雨伞布等。

维纶：维纶纤维最大特点是吸湿性好，是合成纤维中最好的，号称"合成棉花"。它的强度比锦纶、涤纶差，化学稳定性好，不耐强酸，但是耐碱。维纶耐光性与耐候性也很好，但它耐干热而不耐湿热，收缩弹性最差，织物易起皱，着色较差，色泽不鲜艳。其多和棉花混纺制作细布、府绸、灯芯绒、内衣、帆布、防水布、包装材料、劳动服等。

丙纶：丙纶纤维是常见化学纤维中最轻的纤维。它几乎不吸湿，但具有良好的芯吸能力，强度高，制成的织物尺寸稳定，耐磨弹性也不错，化学稳定性好。但是丙纶热稳定性差，不耐日晒，易于老化脆损，可以用于制造织袜、蚊帐布、被絮、保暖填料、尿不湿等，在工业上可制造地毯、渔网、帆布，水龙带，医学上带代替棉纱布，制造卫生用品。

氨纶：氨纶纤维弹性最好，强度最差，吸湿性差，有较好的耐光、耐酸、耐碱、耐磨性。氨纶被广泛用于制造内衣、休闲服、运动服、短袜、连裤袜等，在医疗领域制造以绷带等为主的纺织用品。氨纶是追求动感及便利的高性能衣料所必需的高弹性纤维。氨纶比原状可伸长5～7倍，所以穿着舒适、手感柔软并且不起皱，可始终保持原来的轮廓。

4.3.4　神奇的服装——功能性面料服饰

服装现在都与人的生活密不可分，而且随着时代发展，大众审美意识逐渐发生改变，消费者对服装的各种需求也不断发生变化。服装纤维也不再局限于传统的天然纤维与化学合成纤维。新合成纤维已发展为服装面料的主导潮流，很多仿天然纤维在性能及穿着舒适度上都比天然纤维更出彩，改变了以往大家对化学纤维劣质、不透气、手感差的印象。

功能性面料的开发与应用，改良后的面料具有防水透气、防辐射、抗静电、阻燃、抗紫外线、抗菌防臭、轻质保暖、隔离病毒等特性。随着科学技术的发展，对天然纤维的改造也不断提升，改变了天然纤维的不足，大大提高了产品的技术含量。如常见的衬衫免熨烫性能，西装的防雨性能等，使衣服的着装性能与舒适度大大提高。

（1）防紫外线面料

为了避免人体受过量紫外线的辐射，对纺织品进行防紫外线面料整理。防紫外线服装面料，使用紫外线吸收剂对织物进行后处理，利用混入面料中的紫外线吸收剂吸收高能量的紫外线，使之向低能量转化，变成低能量的热能或波长较短的电磁波。利用紫外线反射剂可以增加织物对紫外线的反射和散射作用，防止紫外线透过织物。

（2）抗静电纤维

纺织工艺产生静电的原因，主要为两种物质摩擦之后，接触面之间出现电子或离子所激发的能量，导致电荷积累，从而产生静电，出现摩擦带电、接触带电等现象。纺织品中静电带来的危害有很多。纺织人员长期生活在静电环境中，可能会导致体内血糖浓度增加，维生素C和钙的浓度降低。纺织品多为易燃品，静电放电时会直接引发火灾，甚至爆炸。

静电给我们的生活带来很多不便，因此抗静电纤维的出现就显得尤为必要。抗静电纤维主要是指通过提高纤维表面的吸湿性能来改善其导电性的纤维，最早广泛采用的有效方法是使用表面活性剂进行表面处理，最初使用的表面活性剂是阳离子表面活性剂，但其易脱落只能保持暂时的抗静电性能。后来开发了可形成牢固表面膜的非离子表面活性剂法、树脂涂层和接枝法等。但是这些方法仍然存在难以把产生的静电迅速消除，产品风格和耐久性不佳等缺点。

（3）电磁辐射防护服

日常生活中常见的电磁辐射天然来源有阳光、火；人造来源包括微波炉、移动基站、手机、计算机、无线路由器、输电线、家用电器和核磁共振成像等。

对于我们有可能接触到的医疗辐射，不超量就不用担心。目前，医用防辐射服主要为含铅防护服，即铅衣。患者在接受CT检查或者X射线检查的时候，应听从医生的安排，将铅衣或铅制防护用具遮挡在特定部位。妊娠期女性不建议进行CT检查或者X射线检查，若因病情需要接受检查，应将射线的剂量控制在安全范围内。医生为患者拍片时，可以在屏蔽室操作，或者穿着特制的铅衣。

（4）其他

大家常见的功能性面料还有宣称有抑菌作用的衣物。"竹纤维天然具有抑菌功能"其实是谣言。竹子和竹纤维是两回事。天然竹纤维是很难制成面料的，因为竹纤维很短，没办法纺线。目前市面上流行的竹纤维实际上全称叫做竹浆纤维，属于化学纤维中黏胶纤维的一种，就是把竹子用二硫化碳溶解，经强酸强碱的洗涤后再纺丝，这时候竹子中能天然抑菌的竹醌早已消失。另一种常见的银离子抑菌产品是在纤维中加入了含银抑菌剂，但是有重金属沉积的风险。

4.4　天然染料与合成染料

天然染料的生产与使用是我国古代农业和手工业的重要组成部分，在人们日常生活中占重要的地位。天然染料是指含有可用于染色色素的植物、动物或矿物等天然材料，以及从中提取色素制作的有机染料，具有易于采集保存、色泽丰富柔美等特点。

4.4.1 天然染料

早在新石器时代晚期，我们的祖先就开始使用天然色素进行染色和装饰，例如用赤铁矿粉末将麻布染成红色。进入商周以后，以植物为主的染色工艺逐步兴盛起来。《周礼》中就有"掌染草"之职。

秦汉时期，染料植物的种植面积和品种不断扩大，先辈们通过大量实践和不断摸索，创造并积累了天然染料提取、染色的一套完整技术。直至19世纪中叶西方发明并传播化学染色以前，植物染色在中国已经历了几千年的发展历史。至今，我国许多少数民族仍然保留草木染的习俗。草木染在染色过程中需要媒染剂得以还原颜色，因而即使是同一种植物原料，所使用媒染剂不同所得到的颜色也不尽相同。古代先民掌握了红、黄、蓝三原色的基本染料之后，经过相互套染，再通过深浅浓淡的相互结合，便可染出五彩缤纷的面料。

常用颜色及对应的染色植物如下。红色：红花、茜草、凤仙花、苏木。黄色：栀子、姜黄、槐米、虎杖、地黄、郁金。蓝色：菘蓝。紫色：紫草、桑葚。绿色：艾叶、丝瓜叶。黑色：橡实壳、五倍子。

植物染料生产过程环保，所产生的废物废水易分解处理，织物色泽柔和、自然。下面将以红花、栀子、菘蓝三种药用植物为例，介绍几种红、黄、蓝三色的染色技术与原理。

红花在汉代传入中国，又名红蓝花。在夏季花由黄变红时采摘，中药名为红花。红花染色工艺简便，色泽鲜艳，一问世即受到普遍喜爱。现代研究表明，红花中的色素属于黄酮类（图4-26），包含红花黄色素（safflower yellow）和红花素（carthamidin）两种成分，二者分别为黄色素和红色素。这两种色素性质不同，黄色素可溶于水及酸性溶液，红色素能溶于碱性溶液。发酸澄清的粟饭浆是酸性的，可以将黄色素从红花中分离出来。草木灰水是碱性的，可以萃取得到含有红色素的染液。草木灰含有氧化铝等成分，金属离子可以起到发色、固着的作用。草木灰水萃取后的红色素溶液并不显红色，最后需要用酸性物质进行中和，红色便出现了。

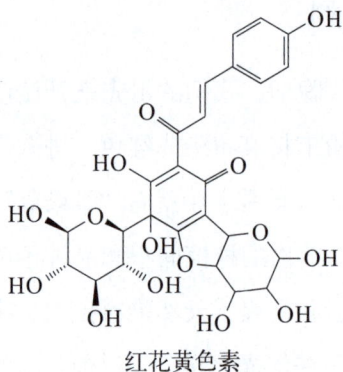

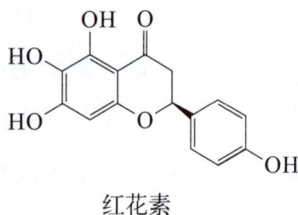

图4-26 红花（植物）和相关化合物结构式

栀子为茜草科植物，果实可入药。栀子的果实是秦汉以前应用最广的黄色染料（图4-27），栀子染色可以不用媒染剂，工艺简单，但栀子黄素耐日晒的能力较差，最好用来浸染一些室内用品，或作为其他染材的底染。宋朝以后栀子染色的功能被槐花部分取代。栀子中色素的主要成分为黄酮类，如栀子黄素、藏花素、藏花酸等。染色时需将干栀子果捏碎，入水泡软，加火煎煮30min，过滤取第一次染液；重复煎煮取3～4次染液，就可以浸染了。古代用酸性来控制栀子染黄的深浅，欲得深黄色，则增加染料中醋的用量。

蓝草是我国历史最悠久，使用地域最广的蓝色染料。荀子的《劝学篇》里的名句"青，取之于蓝，而青于蓝"的意思就是：靛青是从蓝草中提取而来，但颜色比蓝草更深的颜色。事实上，蓝草并不专指一种植物，而是可以制造靛蓝染料的多种植物的统称（图4-28）。蓝染在操作的过程中应考虑它需要氧化还原的物理属性，浸染数分钟后便需要将布匹与空气接触数秒钟，就完成了对织物的蓝染，浸染次数和时间决定布匹颜色的深浅。

4.4.2　合成染料

天然染料的种类较少，上色不牢固，染色步骤烦琐，染色纯度低，缺乏鲜明的色彩，因此人们非常渴望寻求更好的染料来代替天然染料。除此之外，对染料的大量需求是合成染料产生的社会基础，随着纺织业的快速发展，人们对染料的需求以及质量要求都有了提高。

有机化学的发展为合成染料的产生奠定了理论基础。

4.4.2.1 合成染料的发展

合成染料从发明到现在经历了一百多年发展，尽管时间不算太长，但是发展速度相当惊人。从这一百多年的发展历程来看，在合成染料中，有五种染料的合成是具有标志性作用的：第一种合成染料的发明，标志着合成染料的诞生；1884年以刚果红为代表的直接染料的发明；1880年以合成靛蓝为代表的还原染料的发明；分散染料的发明；1956年活性染料的发明。

1856年，有机化学家珀金（Perkin）在制备奎宁的实验过程中发明了第一种合成染料——苯胺紫，并使其实现了工业化生产。1859年，法国科学家维尔昆（François-Emmanuel Verguin）发现了另一种苯胺染料——品红（图4-29）。1860年，吉刺德及多雷亚尔将苯胺及品红加热，制成苯胺蓝。

栀子黄素

图4-27 栀子及栀子染料

蓝染　　　　织物

靛蓝

图4-28 蓝染及蓝染染料

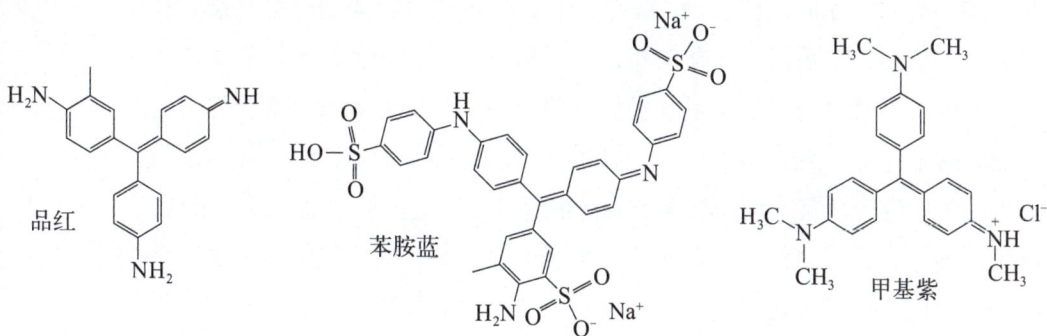

品红　　苯胺蓝　　甲基紫

图4-29 部分合成染料的结构式

1860年劳特（Lauth）发明了 *N,N*-二甲基苯胺的工业制造方法。1867年，他用此作原料，制造出一种染料，称为甲基紫。甲基紫属于盐基性染料。1863年，来特佛特（Lightfoot）将苯胺在纤维上氧化，发明了一种黑色染色法，称为苯胺黑。1867年，威特及卡洛应用格里斯重氮化反应，发明一种橙色染料，称为二氨基偶氮苯橙，为开拓偶氮染料奠定了基础。后续经过不同时期科学家的刻苦工作，研究发明了一系列的合成染料。虽然以上的化学家和科学家没有人与纺织工业有关系，但是纺织工业的发展极大地刺激了制造化学，一代代合成染料的产生同样促进了纺织工业的发展。

4.4.2.2　合成染料的分类

在合成染料发展的初期阶段，关于合成染料的命名并没有引起人们的关注，但是随着染料的类型和产品的增多，不同厂家、不同销售商各自命名，产生了混乱的现象。1954年英国的一些杂志公开讨论染料命名问题，但是大家各抒己见，当时并未形成统一定论。由于我国所用染料大多是进口染料，染料命名多是翻译而来的，但是国人在长期使用中也逐渐形成了一套国内普遍承认的染料名称。20世纪40年代形成了染料命名代号。表示染料颜色的有：B（blue）蓝色、R（red）红色、Y（yellow）黄色、V（violet）紫色。表示染料性质的代号有：S（soluble）可溶于水、W（wool）适用染毛、K（kalt）可用冷液染色。

随着染料工业的发展，合成染料的品种日益增加，为了便于系统性研究学习和应用，人们逐渐对染料进行分类。从近代有关文献资料来看，合成染料依据化学结构和实际应用性能这两种特征来分类。

依据染料的化学结构性质以及对各种纤维的作用，可以将合成染料分成以下几种：酸性染料；直接染料，可以直接染植物纤维，多用于染棉，在染羊毛丝绸方面应用比较少；媒染染料，不可以直接染动植物纤维必须用金属媒染品，如黄矾；硫化染料，属于劣质染料的一种，需溶解于硫化碱中，可以直接染棉，染羊毛与丝绸一般不用它；还原染料，必须先用连二亚硫酸钠还原色变，再溶解于烧碱中才可以直接染动物纤维，特点是颜色难脱色；染后套媒染料，与媒染染料相近，可以直接染羊毛；显影染料，用于染棉，染后需要经过套色工序，再经过显影剂；冰染染料，染法与显影染料相反，先经过显影剂，再经过套色工序；氧化染料，先将苯胺氧化在棉纤维上，也用于染丝绸；矿物染料，多用于染棉，有时也用于染丝绸；

酒精染料，不能溶解于水，只能溶于酒精，多用于染丝绸及印刷油墨。

还有两种分类方法。第一种以发色团分类。分子结构中的某些基团吸收某种波长的光，而不吸收另外波长的光，从而使物质显色。例如，无机染料结构中有发色团，铬酸盐染料的发色团（重铬酸根）呈黄色；氧化铁染料的发色团呈红色；铁蓝染料的发色团呈蓝色（图4-30）。这些不同的分子结构对光波有选择性吸收，反射出不同波长的光。

氧化铬染料

氧化铁染料

铁蓝颜料

图4-30
氧化铬染料、红色的氧化铁染料、蓝色的铁蓝染料

4.4.2.3 偶氮染料

偶氮染料（偶氮基两端连接芳基的一类有机化合物）是纺织品服装在印染工艺中应用最广泛的一类合成染料，用于多种天然和合成纤维的染色和印花，也用于油漆、塑料、橡胶等的着色。在特殊条件下，它能分解产生致癌芳香胺（图4-31），经过活化作用改变人体的DNA结构引起病变和诱发癌症。常见的单偶氮类染料有C. I. 酸性紫12、C. I. 酸性橙5、C. I. 酸性橙6、C. I. 溶剂黄1等，常见的双偶氮类染料有C. I. 直接蓝149、C. I. 直接红21等（图4-32），下面将会详细介绍一下各个染料。

C. I. 酸性紫12是单偶氮类染料，分子式为$C_{19}H_5Na_2O_9S_2$。一般为艳红光紫色调，溶于水为宝石红色，适量溶于乙醇为宝石红色。其在硫酸中为紫色，稀释后为粉红色。染料水溶液中加入浓盐酸为宝石红色；加入浓氢氧化钠溶液为橙棕色。它可用于羊毛、尼龙、蚕丝的染色和印花，也可用于纸张、皮革的着色，其钡盐可用作有机染料。

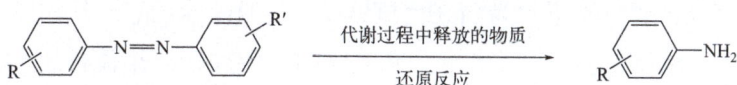

本身不会对人体产生有害影响　　　　　　　　　　　芳香胺类化合物，可能致癌

代谢过程中释放的物质　还原反应

图4-31　偶氮类染料生成芳香胺类化合物的反应

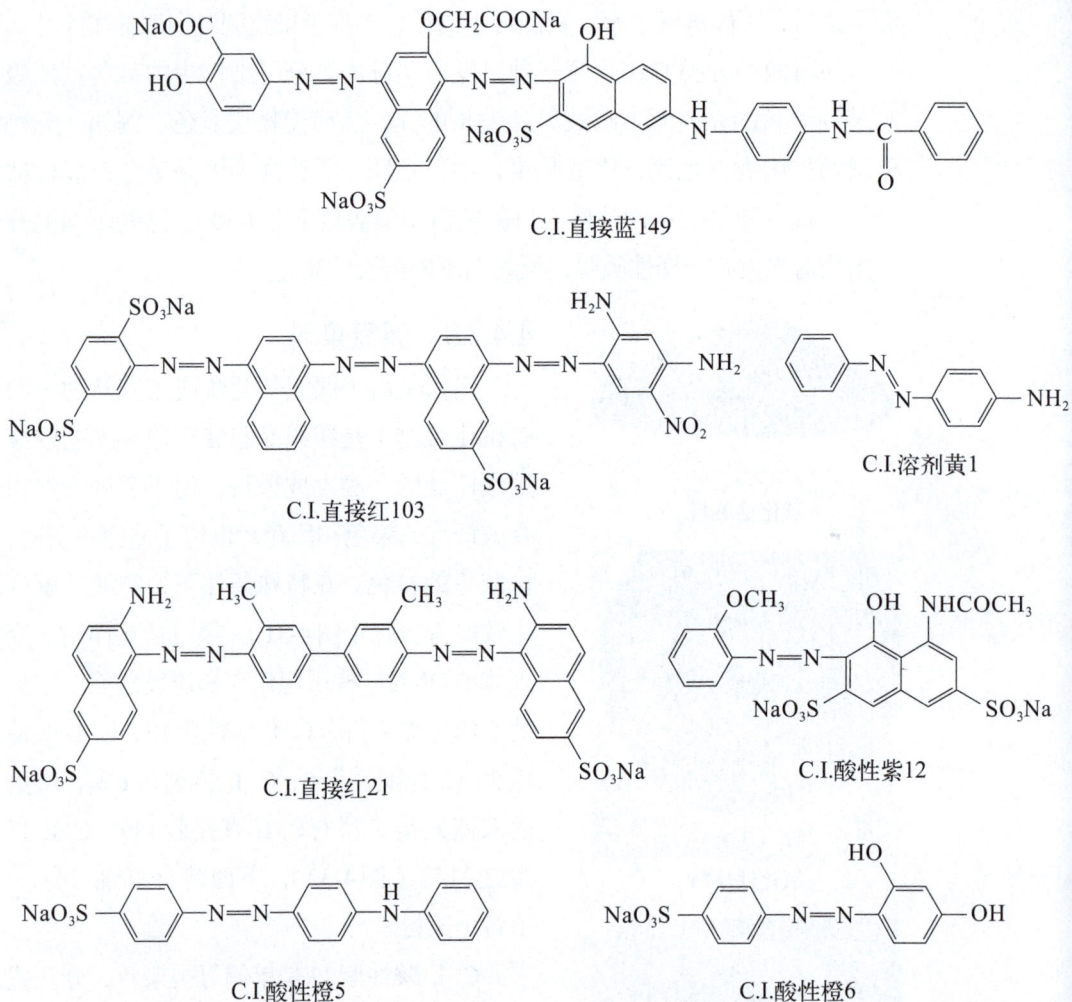

图4-32 相关染料的名称及其结构式

C. I. 直接蓝149是双偶氮类染料，分子式为$C_{42}H_{26}N_6Na_4O_{14}S_2$，一般为绿光蓝色调，溶于水为蓝色，微溶于乙醇。其在浓硫酸中为暗绿色，稀释后为蓝光绿色，伴有沉淀。染料水溶液加入浓盐酸有暗蓝光绿色沉淀；加入浓氢氧化钠为蓝光绿色，有沉淀。

C. I. 直接红103是一种双偶氮类染料，分子式为$C_{32}H_{20}N_9Na_3O_{11}S_3$，一般为暗蓝光枣红色调，溶于水为酒红色至枣红色，微溶于乙醇。其在硫酸中为蓝或灰色，稀释后为浅红光棕色。染料水溶液中加入浓盐酸有红光棕色沉淀；加入浓氢氧化钠有橙棕色沉淀。

C. I. 直接红21是双偶氮类染料，分子式为$C_{34}H_{26}N_6Na_2O_6S_2$，一般为黄

光红色调，适量溶于水为棕光橙色，微溶于乙醇为红光橙色，不溶于其他有机溶剂。其在硫酸中为蓝色，稀释后为浅酱红色。染料水溶液加入浓盐酸为棕色，有沉淀；加入浓氢氧化钠为橙棕色，有沉淀。

C. I. 酸性橙5是单偶氮类染料，分子式为$C_{18}H_{14}N_3NaO_3S$，一般为黄光橙色调，溶于水和乙醇为橙黄色，微溶于乙醚，不溶于苯。其在浓硫酸中呈紫色，稀释后出现紫色沉淀。染料水溶液中加入盐酸出现紫色沉淀；加入氢氧化钠出现黄色沉淀。它用于羊毛、蚕丝、棉、醋酯纤维等纤维的染色，也用于指示剂、纸张、皂类、稻草和皮革的着色。C. I.酸性橙5匀染性良好，拔染性中等，染色时遇铜离子、铁离子色泽变暗。

C. I.酸性橙6是单偶氮类染料，分子式$C_{12}H_9N_2NaO_5S$，一般为黄光橙色调，溶于水为金黄色，溶于乙醇为柠檬黄色，溶于丙酮和溶纤素，不溶于其他有机溶剂。其在浓硫酸中为黄色，稀释后为柠檬黄色；在浓硝酸中为黄色溶液。其水溶液加入浓盐酸为金黄色；加入浓氢氧化钠为棕橙色。C. I.酸性橙6用于羊毛、蚕丝、棉、醋酯纤维、尼龙等纤维的染色，也用于皮革、生物的染色，也用作指示剂（pH=12 ~ 14），还可以用作生产C. I.酸性橙24、C. I.酸性棕80和97。其与C. I.颜料黄8结构相同。

C. I.溶剂黄1是单偶氮类染料，分子式为$C_{12}H_{11}N_3$，一般为绿黄光至红光黄，溶于乙醇，微溶于水为黄色。其在浓硫酸中为棕色，稀释后为红色溶液；在盐酸中为红色溶液，煮沸后颜色消失，可用于清漆、石蜡、树脂的着色。

4.4.2.4 酸性染料

酸性染料（acid dye）是一类结构上带有酸性基团的水溶性染料。绝大多数酸性染料以磺酸钠盐的形式存在，极少数以羧酸钠盐的形式存在。最初这类染料都在酸性条件下染色，因而称为酸性染料。酸性染料是染料中品种最多的一类染料，主要用于羊毛、蚕丝等蛋白质纤维和尼龙纤维的染色和印花，也可用于皮革、墨水、纸和化妆品的着色以及制作食用色素。酸性染料对纤维素纤维的直接染色性很低，只有少数几种结构复杂的染料可以染纤维素纤维。酸性染料具有色谱齐全、色泽鲜艳等特点。其湿处理色牢度和日晒色牢度随品种的不同差异很大，其中结构简单、含磺酸基较多者湿处理色牢度较差。

酸性染料按染色性能分类可分为强酸性染料、弱酸性染料和中性染料三种。①强酸性染料的分子结构较简单，分子中磺酸基所占的比例高，在水中溶解度较高，在常温染液中基本上以离子状态分散，对羊毛纤维的亲和力较低，染色需在强酸浴中（pH=2.5～4）进行。染料湿处理色牢度较差，日晒色牢度较好，色泽鲜艳，匀染性良好，因而又称为匀染性酸性染料。②弱酸性染料的分子结构稍复杂，分子中磺酸基所占比例较低，溶解度稍差，在常温染液中基本上以胶体分散状态存在，对羊毛纤维的亲和力较高，染色需在弱酸浴中（pH=4～5）进行。染料湿处理色牢度较好，匀染性稍差。③中性染料的分子结构更复杂，磺酸基所占比例更低，疏水性部分增加，溶解度更差些，在常温染液中主要以胶体状态存在，对羊毛纤维的亲和力更高，染色需在中性浴中（pH=6～7）进行。染料匀染性较差，色泽不够鲜艳，但湿处理色牢度好。

有时将酸性染料仅分为强酸性染料和弱酸性染料两种，将弱酸性染料和中性染料统称为弱酸性染料，此时后者亦称耐缩绒酸性染料。酸性染料染羊毛、蚕丝和尼龙纤维的匀染性和湿处理色牢度不完全一样。总的说来，染尼龙纤维的匀染性较差，湿处理色牢度却较好；染蚕丝的匀染性较好，但湿处理色牢度比染羊毛差。国外厂商为便于使用，从酸性染料中筛选出适合尼龙染色的专用染料。

常用酸性染料按其化学结构可分为偶氮类、蒽醌类、三芳甲烷类和氧杂蒽类等。偶氮类酸性染料在品种和数量上均居酸性染料首位，而且以单偶氮类和双偶氮类为主，包括黄、橙、红、棕、藏青和黑色等各种颜色。根据染料中磺酸基团和疏水性结构的比例不同，染料的湿处理色牢度和匀染性不同。蒽醌类酸性染料色泽较鲜艳、日晒色牢度较好，优良品种较多，主要是紫、蓝、绿等色，尤以蓝色最多。这类染料的匀染性和湿处理色牢度随染料结构变化而不同。某些蒽醌结构的酸性染料可在酸性媒介染料的染色中起增艳作用。C. I. 酸性绿42就是蒽醌类酸性染料的一种（图4-33）。氧杂蒽类酸性染料主要是红、紫色品种，日晒色牢度较差，可在酸性媒介染料的染色中起增艳作用。

三芳甲烷类酸性染料以紫、蓝、绿色为主，日晒色牢度差，有些蓝品种不耐漂，但色泽特别浓艳，湿处理色牢度较好。三芳甲烷染料是取代的三芳甲烷衍生物和取代的氧化蒽类化合物，以不同的沉淀剂作用生成的染料。C. I. 酸性绿7就是三芳甲烷类酸性染料的一种。

近年来，在酸性染料的染色领域采用各种新技术、新设备、新助剂、

C.I.酸性绿42

C.I.酸性绿7

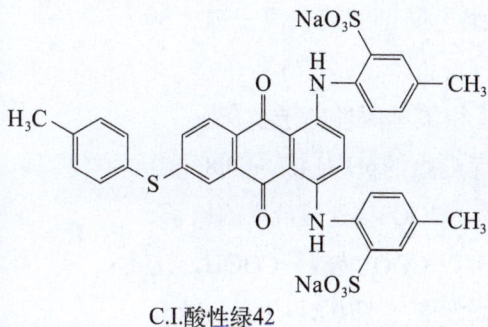

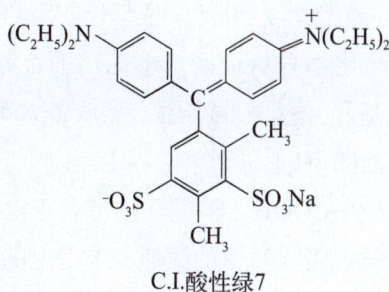

图4-33 相关酸性染料的名称及其结构式

新工艺，围绕减少羊毛纤维损伤、节约能源、减少公害等方面进行了很多研究，逐步打破了原来的传统工艺，低温染色、小浴比染色、一浴一步法染色等新工艺迅速发展。低温染色的方法多种多样，应用比较多的是加入表面活性剂一类的助剂，主要起解聚染料、膨化纤维的作用，促使染料均匀上染纤维。有的将氯化稀土与表面活性剂组成配套助剂，除了有解聚染料和膨化纤维的作用外，还可提高纤维吸收染料的能力，节约染料，降低残液的生物需氧量（BOD）和化学需氧量（COD）。还有将羊毛先进行预处理，提高纤维对染料的吸收能力，然后进行低温染色。其他的低温染色方法在实际生产中很少应用。适合小浴比染色的新设备越来越多，如不同类型的喷射溢流染色机、筒子纱染色机等。常压溢流充气式染色机的浴比只有1：5～1：4。从应用角度考虑，进一步提高酸性染料染色牢度的研究开发也有较大发展空间。

蛋白质纤维大分子中，除末端的氨基和羧基外，侧链上还含有许多酸性碱性基团，尼龙纤维大分子的末端含有氨基和羧基，因此蛋白质纤维和尼龙纤维都具有两性性质，既能吸酸，又能吸碱。各种蛋白质纤维和尼龙纤维都具有相应的等电点，即在某个pH的溶液中，该纤维大分子上的正、负离子数目相等，处于等电状态，这时的pH称为该纤维的等电点。它们在等电点时，呈现一系列特殊的性质，如溶胀、渗透压和电导率等都最低。在等电点以下，纤维上带正电荷；在等电点以上，则带负电荷。此外，蛋白质纤维大分子中含有大量极性酰氨基，还有亚氨基、羧基和其他非极性疏水基。尼龙纤维大分子中含有大量极性酰氨基和非极性碳链。酸性染料绝大多数是以磺酸钠盐的形式存在的，极少数是以羧酸钠盐的形式存在的，属于阴离子染料。在上染过程中，酸性染料是以染料的阴离子上染蛋白质纤维或尼龙纤维。因染液pH不同，染料和纤维之间可能存在离子键、氢键、范德华力和疏水键等不同形式的作用力。

化学分析证明，羊毛几乎含等当量的氨基和羧基两性离子。在水中，氨基和羧基发生离解，形成各式离子。羊毛等电点的pH为4.2～4.8。当溶液的pH下降到羊毛等电点以下时，羊毛上的—COO^-接受溶液中的质子，变成—COOH，羊毛开始带有正电荷。直到全部—COO^-转成—COOH，这时羊毛吸收质子的数值与羊毛上的氨基含量基本一致，即0.8～0.9mol/kg，此值称为羊毛的吸酸饱和值。如果溶液的pH进一步降低，羊毛中的酰氨基也开始接受质子，生成—$CO—NH_3^+$，发生所谓超当量吸酸现象，羊毛的酰氨基还会发生水解。相反，当溶液的pH高于羊毛的等电点时，羊毛上的—NH_3^+正离子失去质子，变成—NH_2，羊毛带负电荷。到了一定的pH，羊毛上的—NH_3^+正离子全部变成—NH_2。在碱性介质中，羊毛的酰氨基也会发生水解。羊毛染色大多是在酸性条件下进行的，羊毛的吸酸饱和值相当于羊毛吸附染料离子的饱和值，染料离子和质子之间呈等当量关系，它们的饱和值都取决于羊毛的氨基含量。

在染色过程中，酸性染料离解成Na^+和D^-（染料阴离子）。染浴中同时还有H^+、Cl^-（或SO_4^{2-}）。由于对羊毛的亲和力和在羊毛中的扩散速率不同，在染色过程中，这些离子的浓度随着染色的进行而发生变化。其中，H^+对羊毛的吸附速率最高。为了维持纤维内电中性，Cl^-和D^-也随之被羊毛所吸附。Cl^-的扩散速率比D^-高得多，先于D^-被羊毛吸附，但D^-对羊毛的亲和力要比Cl^-高得多，随着染色的进行，D^-能将大部分Cl^-从羊毛上取代下来。

由此可见，在用酸性染料染色时，酸的加入使羊毛带正电荷，增强对染料阴离子的库仑引力，提高染料的上染能力。加入食盐或硫酸钠，会延缓染料离子的交换，减小染料离子被羊毛吸附的概率，它在酸性介质中可起缓染作用。酸性染料和羊毛纤维之间的结合，除了离子键以外，还有氢键、范德华力和疏水键等分子间力。因此，羊毛的染色饱和值往往会超过其吸酸饱和值。不同类型的酸性染料和羊毛纤维之间的结合形式有所不同，染料在羊毛中的扩散速率，还和羊毛的含硫量有关。在含硫量多的羊毛上染料的扩散速率较低，因为羊毛上二硫键会对染料的扩散产生阻碍。某些羊毛的尖端因受日晒、雨水和风化作用的影响，上色有差异，出现所谓"毛尖效应"。一般用亲和力低的染料染色时，毛尖色较淡，用亲和力高的染料染色时，毛尖色较浓。这主要取决于染料的亲水性和移染性能。在选用染料的基础上添加适当的助剂，可以克服"毛尖效应"。

蚕丝主要由丝素和丝胶两部分组成，主体为丝素，在桑蚕丝中通常占70%～80%。与羊毛蛋白相比，丝素蛋白的结构简单，侧链中非极性的氨基酸（如甘氨酸、丙氨酸等）含量多，因此结晶度较高。蚕丝也具有两性性质，但其氨基含量要比羊毛低得多，约为0.15mol/kg，而且酸性基团含量比氨基含量高，约为0.29mol/kg。测得丝素蛋白的吸酸饱和值为0.12～0.2mol/kg，为羊毛蛋白的1/5左右。丝素蛋白的等电点pH为3.5～5.2。丝素吸酸和吸附染料阴离子的特征基本上和羊毛类似。丝胶蛋白与丝素蛋白的组成基本相同，侧链中带含水性基团的氨基酸（如丝氨酸和天冬氨酸等）含量最高，因而在水中容易溶解。坯绸在印染加工前，必须经过脱胶，去除丝胶，但不能使丝素受损伤。与桑蚕丝相比，柞蚕丝的丝素中丙氨酸的含量特别高，是组成结晶区的主要成分，柞蚕丝对酸和碱的稳定性要高些。此外，丝素中含有少量色素，经漂白也不容易完全去除，因此柞蚕丝染色织物的鲜艳度较差。柞蚕丝中的丝胶含量稍低些，占12%～13%，但其丝胶粒子大，并有较多钙盐的杂质存在，使丝胶和杂质的溶解性较差，因此柞蚕丝的脱胶比较困难。

尼龙纤维的组成和结构比蛋白质纤维简单，仅在分子链的末端才具有羧基和氨基，在分子链的中间存在大量碳链和酰氨基，无侧链。尼龙纤维的氨基含量低，尼龙和尼龙6的氨基含量分别为0.04mol/kg和0.098mol/kg，为羊毛的1/20和1/10左右。用酸性染料染色只能染得中等浓度的色泽，尼龙6的得色量可比尼龙高些。尼龙纤维的羧基含量高于氨基，在等电点时氨基全部以—NH_3^+的形式存在，而羧基只是部分以—COO^-的形式存在。尼龙的等电点pH为6～7。尼龙纤维是热塑性纤维，其吸湿溶胀性比羊毛低得多。温度高于70℃以后，上染速度才迅速加快。纤维制造时的拉伸比大小，对尼龙的染色性能也有影响。随着拉伸比增大，其结晶度和取向度提高，使染料分子渗透的可及区减小，因此染色时染料的平衡吸附量和扩散系数都减小。尼龙纤维的染色性能还随染色前所受的热处理条件而变化，经干热定形后的纤维上染速度下降，而经蒸汽定形者上染速度上升。

尼龙纤维染色使用最多的是弱酸性染料，可在酸浴或中性浴中进行染色，而且最好采用分子量为400～500的单磺化偶氮染料，或分子量为800左右的二磺化偶氮染料。分子量过大，匀染性降低；分子量过小，则湿处理色牢度下降。和羊毛染色比较，酸性染料对尼龙纤维的亲和力比较高，匀染性较差，湿处理色牢度却较好，染色时需要应用匀染剂。酸性染料对尼龙纤维的染色机制基本上和羊毛染色的相同。在尼龙66的等电点以下染色时，染料主要以离子键形式固着在纤维端氨基上，且酸性染料在尼龙上的饱和值与端氨基的含量基本相符。当pH降到2.5以下时，纤维的酰氨基开始吸附质子，产生超当量吸附。在pH很低的条件下染色，会促使尼龙纤维降解。通过酰氨基产生的超当量吸附的染料很易水解，色牢度很低。因此不宜在pH为3以下进行染色。在等电点以下染色时，除了离子键结合以外，在纤维上还会产生范德华力、氢键等分子间引力。染料分子的大小和构型不同，会在不同程度上发生超当量吸附。这部分超当量吸附主要是靠染料和纤维分子间范德华力和氢键引起的。在尼龙66的等电点pH以上染色时，染料是靠范德华力、氢键等分子间引力吸附在纤维上的。锦纶的耐碱性比羊毛和蚕丝要高得多。由于尼龙纤维的氨基含量低，其染色饱和值很低，用酸性染料染色时只能染浅至中色。要染浓色，需要采用两支或两支以上染料。在拼染浓色时必须选用上染速度和亲和力相近的染料，否则不同染料间的竞染现象突出，在整个酸性染料染色过程中，先后的色泽不一致。一组染料的拼染性能好坏，可以用染液的光谱曲线图加以验证，要求在整个染色过程中，布样与染液的色泽一致，光谱曲线的形状相似，其最大吸收波长一致。如果发现染液色泽随时间变化，染液与布样的色泽不一致，光谱曲线相互交叉，说明该组染料的互拼性能不好。

4.4.2.5 杂环染料

杂环染料（heterocyclic pigment）是有机染料分子中含有杂环结构，主要是氧杂环或氮杂环作为发色团。杂环染料色谱包括黄、橙、红、紫色，少数为蓝色，并且有分子对称性与平面性，许多品种显示出与酞菁类相似的优异耐热性、耐迁移性与耐候性。

4.4.3 合成染料的基本染色方法

根据不同的叙述方法，染色方法也有不同的类型。按设备技术操作上的不同，可以分为浸染法和扎染法。按染色工艺可以分为直接染色法、媒染染色法、还原染色法、氧化染色法、显色染色法等。

染色方法依据纤维性质和染料特性、色泽深浅不同而各不相同，也有好几种归纳方法。直接染色法的染色工序最简便，使用的染料也最多，是较为普遍的染色方法。一般的纤维和染料如果有较好的结合力，就可以把颜色直接染上，并不需要什么化学试剂当媒介。但是为了使染色更加均匀，色泽更加鲜艳明亮，染液更容易透进纤维，也时常加入其他化学品，它对染料和纤维不发生直接作用，因为助剂的不同，可以分为"中性浴""酸性浴""碱性浴"。媒染染色法是指一般的纤维和染料不能直接结合，要加入某种化学品（媒染剂）作媒介，才能完成染色的方法，例如盐基染料对植物纤维没有什么结合力，染棉需要用单宁酸和酒石酸锑钾作媒介。棉织物用硫化或直接染料染色后，为了增进色泽的美观，常用盐基染料进行套染。还原染色法是指某种不溶于水的染料经过还原剂的作用后还原成一种色泽不同的隐色化合物，再和碱剂结合成为盐类，才能溶成染浴，染后经过氧化剂或空气的氧化，恢复原本的色泽。虽然还原剂和硫化染料都是不溶的，但是耐劳性很高，切合实用，染色工序比媒染法要简便，它在我国染棉工业上是重要的染色方法。

4.4.4　让色彩更鲜艳——近代合成染料染色助剂

一般来讲，纤维染色时所用的化学物质有一种本身就有颜色的，为染料；另一种本身没有颜色，但可以使色质固着于纤维上，或使颜色更加鲜艳明亮。将第二种化学物质进行归纳，可以分为以下几种：媒染剂、固着剂、显色剂、增艳剂、助剂。

普通的媒染剂是一种可溶性的金属化合物，如铝、铁、锡和铜等的化合物。此物质先附着或者沉淀于纤维上，然后与对纤维无直接亲和力的染料结合成不溶性的色淀固着于纤维上，从而成永久不变的颜色。媒染剂包括以下三类：金属媒染剂、非金属媒染剂、酸性媒染剂。金属媒染剂指可溶性金属化合物，如金属氧化物、氢氧化物，此种物质能和媒染染料结合，生成不溶性的有色化合物叫色淀。非金属媒染剂指用非金属物质作为媒染剂，这种媒染剂的用处很少，在仅少数染料中应用。酸性媒染剂指单宁酸或者含有此酸的物质，如没食子等，还有少数脂肪酸，如硬脂酸、油酸、土耳其红油。诸如此类物质是酸性媒染料最常用的，其主要用途是盐基染料染棉。

所谓助媒染剂就是能帮助媒染剂完成其染色作用的物质。此剂为具有还原性质的化合物，如酒石酸锑钾、乳酸（图4-34）、草酸等。

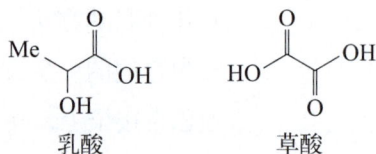
图4-34 乳酸和草酸的结构式

化学固着剂指能够增加染色牢固度的物质。第一种是用化学方法先固着媒染剂于纤维上，然后再与染料结合。例如，用锑化合物先使单宁酸固着于棉纤维上，与铁生成不溶性的单宁铁盐，当媒染染料染色时，即以此盐为媒染剂。第二种是用媒染剂沉淀经过媒染原理的复分解后（如棉纤维经过硝酸铁，再经过纯碱溶液，盐基碳酸盐同铁水化合物生成一种沉淀在纤维上），生成一种稳固的媒染剂。

物理固着剂，如树脂（图4-35），与颜料能永久结合并能固着于纤维上，能保持相当长时间，而这种作用是纯粹的物理作用。

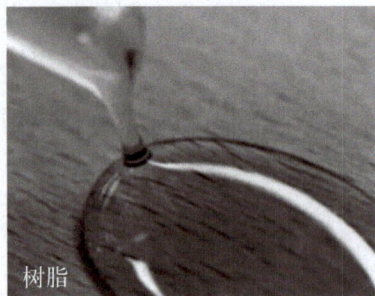
图4-35 树脂

显色剂一般用在染料经纤维吸收以后，因为颜色不明显或者因其他缘故，往往经有机化合物加以处理，产生新的染料，使颜色鲜艳，并且能增加其水洗等的色牢固度。

助染剂显然是更有利于染色的物质，它包括以下几种。匀染剂：此类助染剂加于染浴中，能使染色均匀，比如酸性染料染羊毛时用芒硝使染色均匀。促染剂：此类助染剂加于染浴中能使染料完全被纤维吸收或增加其吸收力，如直接染料染棉时所用的硫酸钠及食盐等。渗透剂：加入染浴中，能使染料有更好的渗透力，如磺化油、肥皂及其他有机溶剂的混合物等。

知识拓展

衣服中有甲醛吗？

其实衣服中是存在甲醛的。新衣服买来后还是更建议水洗后再穿，尤其是塑料袋密封包装的衣服，其中更是积蓄了很多游离甲醛，其中鲜艳的衣服、有特殊功能的衣服（如防皱、硬挺、拒水等），这些含更多甲醛。

我们知道，甲醛对人体的危害分为急性与慢性两种。第一种是急性中毒，如果人体误服用过量的甲醛，那么会直接急性中毒，进而出现消化道黏膜损伤、食管损伤、肝肾损伤、休克等症状。第二种是慢性中毒，因长期影响导致，可引起变态反应，诱发过敏性哮喘，大量时可引起过敏性紫癜。遗传毒性研究发现，甲醛能引起基因突变和染色体损伤。2006年国际癌症研究机构（IARC）确认甲醛为人类致癌物。

衣服中为何会有甲醛呢？甲醛是一种优良的有机原料，长期以来一直作为纺织助剂的基本原料被广泛应用于纺织工业中。在纺织品的生产中，甲醛作为反应剂，旨在提高印染助剂在纺织品上的耐久性，它能通过羟甲基与纤维素纤维的羟基结合，因此广泛用于各类纺织印染助剂，如抗皱耐压树脂整理剂、固色剂、阻燃剂、柔软剂、黏合剂、分散剂、防水剂等。此外，纺织品在抗皱整理中经常使用的抗皱整理剂为二羟甲基二羟基乙烯脲，简称2D树脂，使用它主要是为了提高纤维素纤维及其混纺织物的防皱、防缩性能。2D树脂是经过环化反应和羟甲基化反应二步法合成的，而羟甲基化反应是通过加入甲醛来完成的。

甲醛可以使纺织品的色泽鲜艳亮丽，保持印花、染色的耐久性。童装中的甲醛主要来自保持童装颜色鲜艳美观的染料和助剂产品，以及服装印花中所使用的黏合剂。因此，浓艳的印花服装一般甲醛含量偏高，而素色无印花图案的服装甲醛含量则较低。在涂料印花工艺中，为了提高色牢度，往往使用含有甲醛的交联剂。不过目前还是有大部分面料厂家会使用环保交联剂。含甲醛的交联剂广泛用于防皱、抗皱和免烫整理中，为了保持甲醛平衡关系，在制品中总会保持一定量的游离甲醛，否则会影响防皱效果。因此，经抗皱整理过的纺织品服装不论是使用含有甲醛、含低量甲醛或超低量甲醛的整理剂，布面上或多或少总会有一定量的残留甲醛，如使用不当会导致其浓度超过允许范围。

这里给出了一些选购纺织品时的方法。首先是看，消费者在选购纺织品时首先看产品上的标签，看产品标准是否齐全、有无洗涤标识、安全类别等信息，最好不选择经特殊整理的衣服，如不起皱、不缩水、不褪色、易去污的商品。国家对纺织品的安全类别进行了相关的分类。对于婴幼儿用品，年龄在36个月以内的婴幼儿穿着或使用的纺织产品应符合A类要求，并在产品上标注"婴幼儿用品"字样，如尿布、内衣、袜子、外衣、帽子、床上用品等。对于直接接触皮肤的产品，至少满足B类要求，即在穿着和使用时，产品的大部分面积直接与人体皮肤接触的纺织产品，如文胸、腹带、短裤、棉毛衣裤、裙子（夏天）、裤子（夏天）、袜子、床单。对于非直接接触皮肤的产品，至少满足C类要求，即在穿着和使用时，产品不直接与人体皮肤接触，或仅有小部分面积与人体皮肤接触的纺织产品，如外衣、裙子、裤子、窗帘、床罩、墙布、填充物、衬布。然后是闻。购物前应先闻一下产品是否有霉味、高沸程石油味（如汽油、煤油味）、鱼腥味、芳香烃味等气味，如有这些气味，要避免购买。最后是洗，购买的衣服，尤其是内衣以及婴幼儿服装，穿之前最好洗一洗，放置晾晒一个星期再穿，能最大程度消除残留的甲醛。

参考文献

[1] 潘吉星, 赵匡华, 周嘉华, 等. 化学发展简史. 北京: 科学出版社, 1980.

[2] Petrucci R H, Harwood W S, Herring F G. 普通化学原理和现代应用. 11版. 卞江, 译. 北京: 高等教育出版, 2020.

[3] 彭华胜, 袁媛, 黄璐琦. 本草考古: 本草学与考古学的交叉新领域. 科学通报, 2018, 63 (13): 1172-1179.

[4] 林乾良. 中药. 上海: 上海科学技术出版社, 1981: 38.

[5] 付琳, 付强, 李冀. 黄连化学成分及药理作用研究进展. 中医药学报, 2021, 49 (2): 87-92.

[6] 苑鹏, 刘鑫龙. 冬虫夏草提取物及其活性成分研究进展. 农产品加工, 2022 (2): 60-61, 67.

[7] 张倩茹, 尹蓉, 梁志宏. 山楂功能性成分及其开发利用研究进展. 农产品加工, 2020, (21): 94-97.

[8] 周静, 许一凡. 柏子仁化学成分与药理活性研究进展. 化学研究, 2019, 30 (4): 429-433.

[9] 张如春. 中药黄芪的药理作用及应用效果. 北方药学, 2020, 17 (8): 167-168.

[10] Fuster V, Sweeny J M. Aspirin: A historical and contemporary therapeutic overview. Circulation, 2011, 123 (7): 768-778.

[11] 仲继燕, 刘连委. 药物化学. 重庆: 重庆大学出版社, 2017.

[12] 王玥, 徐开来, 吕弋, 等. 梦神之花, 堕落之果——吗啡. 大学化学, 2022, 37 (9): 197-201.

[13] 肖佳龙, 郑莹. 全球肺癌的流行及预防进展. 中国癌症杂志, 2020, 30 (10): 721-725.

[14] 黄远, 董福越, 李楚源. 板蓝根中主要化学成分含量测定方法研究进展. 中国药业, 2020, 29 (7): 150-156.

[15] Zhang Y, Liang J, Shang Z. Fast and eco-friendly synthesis of dipyrromethanes by $H_2SO_4 \cdot SiO_2$ catalysis under solvent-free conditions. Chin J Chem. 2010, 28, 59-262.

[16] Zhang Y, Zhao C, Ma C, et al. Photocatalytic C—C C leavage of methylenecyclobutanes for γ, δ-unsaturated aldehydes by strain release. Angew Chem. 2023, 62 (22): 1433-7851.

[17] Zhang Y, Cai Z, Zhao C, et al. Electrosynthesis of bridged or fused sulfonamides through complex radical cascade reactions: Divergencein medium-sized ring formation. Chem Sci. 2023, 14 (13): 3541-3547.

[18] 杨文, 邱丽华. 生活中的化学. 北京: 化学工业出版社, 2020.

[19] 俞露婷, 袁海波, 王伟伟. 红茶发酵过程生理生化变化及调控技术研究进展. 中国农学通报, 2015, 31 (22): 263-269.

[20] 邵黎雄，陆建梅，姜雪峰. 味觉化学之酸味化学. 化学教育（中英文），2020，41（13）：1-5.

[21] 石敏，姜雪峰. 味觉化学之甜味化学. 化学教育（中英文），2020，41（16）：1-8.

[22] 高文超，田俊，姜雪峰. 味觉化学之鲜味化学. 化学教育（中英文），2020，41（18）：1-7.

[23] 程焕，陈健乐，周晓舟. 水果香气物质分析及合成途径研究进展. 中国食品学报，2016，16（1）：211-218.

[24] 王金木. 天然食品防腐剂及其在食品中的应用. 食品安全导刊，2021（12）：29-31.

[25] 丁俭，黄祯秀，杨梦竹，等. 食源蛋白水解物/多肽与糖类物质美拉德反应产物在食品应用中的研究进展. 食品科学. 2023，44（1）：305-318.

[26] 李厚金，肖华，黎懿漳. 美味的化学奥秘——奇妙的美拉德反应. 大学化学，2023，38（4）：22-34.

[27] 姚秋丽，王安俊. 解密食物中的化学反应. 大学化学，2022，37（1）：111-116.

[28] 张文朴. 豆腐解读——历史、原理、创新. 化学教育，2007（7）：63-65.

[29] 保志娟，吴武杰，权小菁. 气相色谱法测定化妆品中的多元醇保湿剂. 日用化学工业，2010，40（3）：229-231.

[30] 朱永刚，张建勇，王兰芝. 透明质酸钠舒敏抗炎修复效果研究. 日用化学品科学，2021，44（12）：36-42.

[31] 吴婷，方晓娃，谢钿钰. 一款祛痘护肤品的功效评价方法. 香料香精化妆品，2023，（4）：77-81.

[32] 胡积东，王海瑞. 美白化妆品活性成分及其检测方法研究进展. 日用化学品科学，2022，45（8）：48-52.

[33] 黄陈辰，尹守春. 解密香水家族. 大学化学，2021，36（10）：115-121.

[34] 黄陈辰，尹守春. 芙蓉不及美人妆——古代化妆品的奥秘. 大学化学，2023，38（7）：119-125.

[35] 陈子璇，陈建成. 当化学遇上化妆——皓脂点朱唇. 大学化学，2022，37（9）：269-274.

[36] 钟鑫，周猛. 香精提取工艺与香水香型的发展. 广东化工，2021，48（12）：78-81.

[37] 艾克. 情急之下的发现——梯南特等人发明肥皂和漂白粉的故事. 今日科苑，2012，256（14）：55-56.

[38] 王志超，俞京含，吕萍. 有机小分子荧光材料的前世今生. 大学化学，2023，38（7）：76-81.

[39] 陈雪凤，陈尚斌. 中国面料发展趋势小谈. 西部皮革，2018，40（7）：80.

[40] 李杰. 化学纤维助推棉纺织行业升级发展. 中国纺织，2021（Z6）：118-121.

[41] 陈远锋. 浅谈高分子化学的发展现状与趋势. 化学工程与装备, 2010（11）: 120-121.

[42] 马君志, 王冬, 付少海. 阻燃黏胶纤维及其纺织品研究现状与趋势. 人造纤维, 2021, 51（1）: 12-17, 34.

[43] 李勇强, 谭艳君, 刘姝瑞. 莫代尔纤维的性能及应用. 纺织科学与工程学报, 2021, 38（2）: 60-66.

[44] 祖立武. 化学纤维成型工艺学. 哈尔滨: 哈尔滨工业大学出版社, 2014: 96-99.

[45] 纪晓寰, 孙宾, 王鸣义. 聚酯纤维改性技术进展及在技术纺织品领域的应用趋势. 纺织导报, 2022（3）: 72-79.

[46] 张先云. 纺织工艺中静电产生的危害及消除措施探讨. 科技与创新, 2020（18）: 97-98.

[47] 赵梓淇. 日常生活中电磁辐射与防护探讨. 科技展望, 2016, 26（2）: 8.

[48] 曹振宇. 中国近代合成染料生产及染色技术发展研究. 上海: 东华大学, 2008.

[49] 杨冬梅. C.I. 酸性蓝25合成新工艺研究. 杭州: 浙江工业大学, 2015.

[50] 周沈勇, 叶荣军, 李小兴, 等. C.I. 活性红227"复合染料"的合成研究. 染料与染色, 2019, 56（4）: 5-13.

[51] 周春隆. 酸性染料及酸性媒介染料. 北京: 化学工业出版社, 1989: 101-212.

[52] GB/T 18885—2020. 生态纺织品技术要求.